近接工程有限土体土压力理论研究

张振波　王文正　著

U0286118

中国建筑工业出版社

图书在版编目（CIP）数据

近接工程有限土体土压力理论研究 / 张振波, 王文
正著. -- 北京：中国建筑工业出版社, 2024. 10.
ISBN 978-7-112-30274-1

Ⅰ. TU432

中国国家版本馆CIP数据核字第20247147N1号

责任编辑：李笑然
责任校对：赵　力

近接工程有限土体土压力理论研究

张振波　王文正　著

*

中国建筑工业出版社出版、发行（北京海淀三里河路 9 号）
各地新华书店、建筑书店经销
北京点击世代文化传媒有限公司制版
建工社（河北）印刷有限公司印刷

*

开本：787 毫米 ×1092 毫米　1/16　印张：10　字数：208 千字
2024 年 10 月第一版　2024 年 10 月第一次印刷
定价：**56.00** 元
ISBN 978-7-112-30274-1
（43663）

编写委员会

主　编：

张振波　王文正

参　编：

杨会军　林雪冰　余家兴

孟兴业　刘志春　胡指南

徐　飞　郭庆辉　闫　垒

朱亚妮

编写单位：

石家庄铁道大学

北京市政建设集团有限责任公司

河北省大型结构健康诊断与控制重点实验室

前言

FOREWORD

　　建设交通强国是我国的重大战略决策，是建设现代化经济体系的先行领域，是全面建成社会主义现代化强国的重要支撑，是新时代做好交通工作的总抓手。《交通强国建设纲要》指出，到 2035 年，基本建成交通强国，现代化综合交通体系基本形成，人民满意度明显提高，支撑国家现代化建设能力显著增强。其中一项重点任务是，基础设施布局完善、立体互联，建设现代化高质量综合立体交通网络，构建便捷顺畅的城市（群）交通网，形成广覆盖的农村交通基础设施网，构筑多层级、一体化的综合交通枢纽体系。城市轨道交通作为城市交通网的重要组成部分，必然会进一步完善与提升，实现互联互通。在城市轨道交通建设与提质改造过程中，近接新建基坑工程的情况不可避免。

　　近接基坑工程中新建基坑的施工会对地层产生扰动，地层作为媒介会将这种扰动传导至既有结构上，既有结构会从应力增量与附加变形上表征出这种扰动，其正常使用存在一定的风险。同时，既有结构又会影响到地层的变形，进而影响到基坑支护体系的力学性能，工程中需采取一定的施工控制措施保证基坑的安全建造。现阶段，在实际工程中，都是在经验基础上采用宁强勿弱措施解决具体问题，保证既有结构的正常使用与基坑的安全修建。

　　为了实现基坑近接工程的精准设计，作用在基坑围护结构上的土压力荷载是一项关键要素。基于此，本书围绕近接基坑工程有限土体主动土压力理论，采用理论分析、数值模拟、模型试验等研究方法开展研究，提出有限土体主动土压力极限状态、非极限状态计算理论，实现了以上两种状态的一致性表征，并以该理论为基础，优化了近接基坑围护结构设计参数，实现了精准设计。研究内容具有针对性、先进性、实用性等特点，丰富了近接基坑工程的理论。限于作者水平，书中不妥与疏漏之处在所难免，恳请各位专家和读者不吝批评指正。

目 录
CONTENTS

3　极限主动土压力参数敏感性分析 / 33

4　非极限主动土压力分布规律试验研究 / 43

5 非极限主动土压力理论计算方法研究　/　63

6 主动土压力合力计算简便方法研究　/　91

7 基于有限土体土压力理论近接基坑围护结构优化研究 / 117

1

引 言

1.1　研究背景及意义

中国城市地下空间累计建筑面积在 2022 年底达到 29.62 亿 m^2。截至 2023 年底，中国累计有 41 个城市投运地铁路线 8547.67km，其中 2023 年内新增投运地铁路线 539.50km。各城市地铁开通年份及图标见表 1-1。

各城市地铁开通年份及图标　　　　　　表 1-1

序号	城市	开通时间	图标	序号	城市	开通时间	图标
1	北京	1969 年		22	无锡	2014 年	
2	天津	1984 年		23	南昌	2015 年	
3	上海	1993 年		24	青岛	2015 年	
4	广州	1997 年		25	福州	2016 年	
5	长春	2002 年		26	东莞	2016 年	
6	大连	2003 年		27	南宁	2016 年	
7	深圳	2004 年		28	合肥	2016 年	
8	武汉	2004 年		29	石家庄	2017 年	
9	重庆	2005 年		30	贵阳	2017 年	
10	南京	2005 年		31	厦门	2017 年	
11	沈阳	2010 年		32	乌鲁木齐	2018 年	
12	成都	2010 年		33	绍兴	2018 年	
13	佛山	2010 年		34	兰州	2019 年	
14	西安	2011 年		35	济南	2019 年	
15	苏州	2012 年		36	常州	2019 年	

续表

序号	城市	开通时间	图标	序号	城市	开通时间	图标
16	杭州	2012 年		37	徐州	2019 年	
17	哈尔滨	2013 年		38	呼和浩特	2019 年	
18	郑州	2013 年		39	太原	2020 年	
19	昆明	2013 年		40	洛阳	2020 年	
20	长沙	2014 年		41	南通	2022 年	
21	宁波	2014 年					

截至 2023 年底，北京新增地铁运营线路有地铁昌平线南延一期、地铁 11 号线西段剩余段、地铁 16 号线南段剩余段、地铁 17 号线北段，共计 38.7km，2024 年北京地铁运行线路图如图 1-1 所示[1]。广州新增地铁运营线路有地铁 5 号线东延段、地铁 7 号线二期，共计 31.8km，2024 年广州地铁运行线路图如图 1-2 所示[2]。重庆新增地铁运营线路有轨道交通 9 号线二期、轨道交通 10 号线二期首通段、轨道交通 5 号线北延伸段工程、轨道交通 5 号线（大石坝—石桥铺段）、轨道交通 10 号线（后堡—兰花路段）、轨道交通 18 号线一期工程，共计 58.8km，2024 年重庆地铁运行线路图如图 1-3

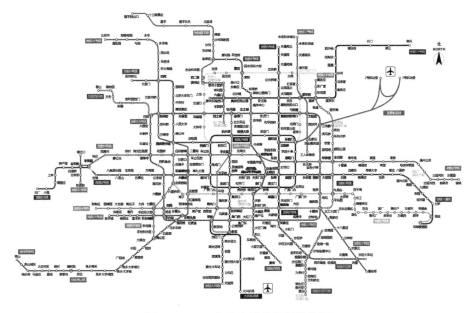

图 1-1　2024 年北京地铁运行线路图

所示[3]。成都新增地铁运营线路有 19 号线二期，共计 43.17km，2024 年成都地铁运行线路图如图 1-4 所示[4]。南京新增地铁运营线路有地铁 7 号线南段，共计 10.66km，2024 年南京地铁运行线路图如图 1-5 所示[5]。

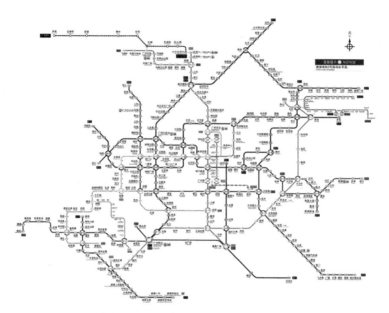

图 1-2　2024 年广州地铁运行线路图

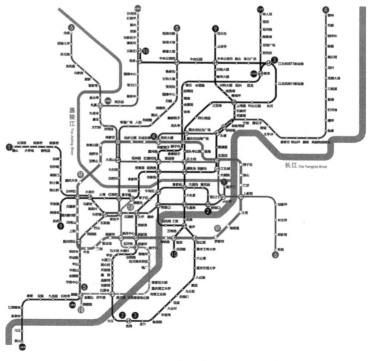

图 1-3　2024 年重庆地铁运行线路图

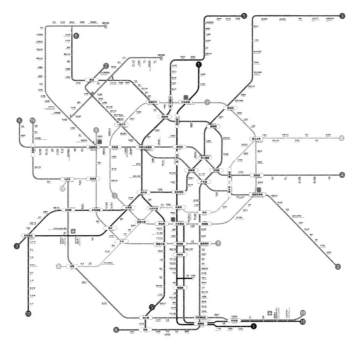

图 1-4　2024 年成都地铁运行线路图

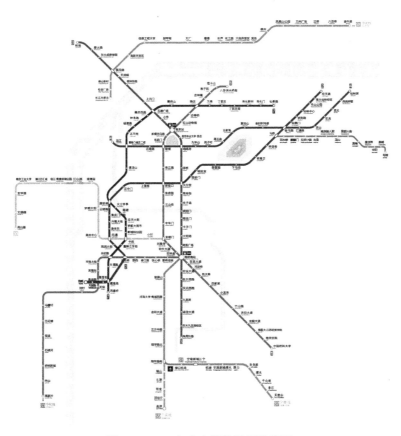

图 1-5　2024 年南京地铁运行线路图

在《中华人民共和国国民经济和社会发展第十四个五年规划和2035年远景目标纲要》中，预期2035年城市轨道交通运营里程将达到10000km。各城市也给出了相应的地铁规划计划。《北京城市总体规划（2016—2035年）》提出建立分圈层交通发展模式，打造一小时交通圈。第一圈层（半径25～30km）以地铁（含普线、快线等）和城市快速路为主导；第二圈层（半径50～70km）以区域快线（含市郊铁路）和高速公路为主导；第三圈层（半径100～300km）以城际铁路、铁路客运专线和高速公路构成综合运输走廊。截至2035年，轨道交通里程由现状约631km提高至不低于2500km。《上海市城市总体规划（2017—2035年）》指出，截至2035年，基本实现对10万人以上的新市镇轨道交通站点的全覆盖，力争实现中心城平均通勤时间不超过40分钟；中心城轨道交通线网密度提高到1.1km/km^{2}以上，轨道交通站点600m覆盖用地面积、居住人口、就业岗位比例分别达到60%、70%、75%。《广州市国土空间总体规划（2018—2035年）》提出建设更紧密的城际直连轨道、更高效的市域轨道快线、更高覆盖的城市轨道普线，建设多层级轨道网络，至2035年建成2000km左右的轨道网络。《重庆市国土空间总体规划（2021—2035年）》提出规划多层次轨道交通网络，建设"轨道上的主城都市圈"。实现干线铁路、城际铁路、市域（郊）铁路（都市快线）、城市轨道"四网融合"。主城都市区轨道交通总里程为6100km。打造中心城区为核心，紧密联系周边的"1小时通勤圈"。《成都都市圈国土空间规划（2021—2035年）》提出构建"轨道+公交+慢行"三网融合绿色交通系统，实现"通勤圈""生活圈""商业圈"高度融合，让通勤场景处处体现城市温度，让"上班的路""回家的路"更加舒适便利。《南京市国土空间总体规划（2021—2035年）》提出南京将建设轨道上的公交都市，形成"三轴十廊"的市域轨道快线网、"九纵八横"城区轨道交通线网，总里程约1260km，引导城市空间集聚发展和土地集约利用，共建轨道上的南京都市圈。

1.2　基坑近接工程案例统计与分析

近年来，关于基坑近接工程的论文发表趋势、研究用途和研究方向如图1-6所示。

统计国内上海、北京、广州、深圳等城市的66个代表性基坑近接地铁结构工程案例，重点考虑基坑施工方法、围护结构类型、加固方法、近接距离、地层条件及既有地下结构和围护结构位移（最大值），见表1-2，其中既有地下结构为车站主体或附属结构22例，区间隧道结构43例。

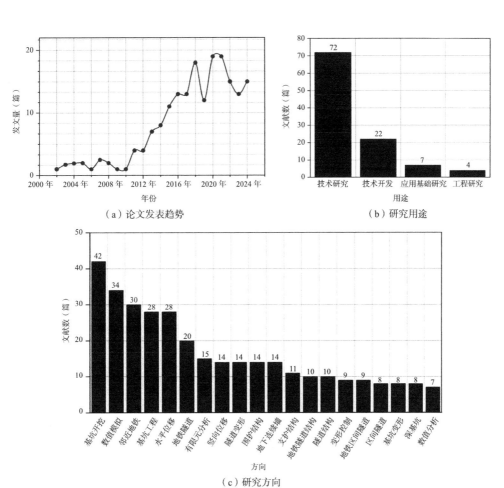

（a）论文发表趋势

（b）研究用途

（c）研究方向

图 1-6 关于基坑近接工程的论文发表趋势、研究用途、研究方向

近接既有地下结构基坑工程案例统计表 表 1-2

序号	工程名称	新建基坑情况		既有地下结构情况			既有地下结构水平位移①（mm）		基坑围护结构水平位移②（mm）	
		施工方法	围护结构及加固	类型	近接距离	地层	水平位移	竖向位移	既有结构侧	无既有结构侧
1	广州某人防工程[6]	盖挖逆作	地下连续墙（以下简称地连墙）	风亭	共墙	粉质黏土	2.5	6	11.5	20
2	深圳地铁 5 号线前海湾站[7]	明挖	套管钻孔咬合桩 + 钢支撑	车站	6m	粉质黏土	6	3.3	10.5	20
3	上海张扬路车站[8]	跳隔明挖	加密旋喷加固	车站	5.4m，部分位置共墙	淤泥质黏土	6	3.66	—	—
4	苏州太平金融大厦基坑[9]	明挖	地连墙 + 三周水泥搅拌桩	风井	7.1 ~ 9.5m	粉质黏土	2.8	−3.8 ~ 1	15	24
5	深圳车公庙站基坑[10]	盖挖逆作	地连墙	车站	共墙	粉质黏土、细砂	3.6	2.4	—	—
6	上海轨道换乘车站[11]	明挖	地连墙	车站	共墙	灰色黏土	4	3.2	16	35

续表

序号	工程名称	新建基坑情况		既有地下结构情况			既有地下结构水平位移①（mm）		基坑围护结构水平位移②（mm）	
		施工方法	围护结构及加固	类型	近接距离	地层	水平位移	竖向位移	既有结构侧	无既有结构侧
7	北京地铁6号线换乘通道[12]	明挖	地连墙	两层三跨车站	0.5m	砂质粉土	3.57	1.62	—	—
8	新建北京奥体南区基坑[13]	分区明挖	大桩径、小间距的护坡桩	一岛一侧式车站	6.3m	粉质黏土、黏质粉土	0.95	−1.494	—	—
9	广州西塱站公交枢纽基坑[14]	明挖	钻孔桩	两层三跨地铁车站	2.1m	淤泥质土	3	−1.14	—	—
10	珠江新城基坑[15]	明挖	—	车站	6.78m	粉质黏土、中砂	5.54	−6	—	—
11	杭州综合体中段北区基坑[16]	明挖	双排围护桩	车站、盾构隧道	5.49 m	粉砂	8.3	−4.09	12	21
12	东莞某紧邻地铁车站基坑[17]	分区明挖	围护桩	车站	1.03m	中砂	7	−10	26	—
13	深圳前海湾基坑[18]	明挖	地连墙	车站	11.2m	粗砂、粉质黏土	6.64	6.72	16	21
14	天津思源道站基坑③	明挖	地连墙	车站	共墙	砂土	6.1	5.33	—	—
15	北京宣武门站新增换乘通道③	明挖	地连墙	车站、出入口	3m/10.5m	砂质粉土	1.0	1.5	—	—
16	北京CBD基坑[19]	明挖	地连墙＋锚索支护	暗挖隧道	10.3～22.8m	细砂、粉质黏土	0.7	−0.2～0.9	—	—
17	上海太平洋广场[20]	盆式开挖	钻孔桩	盾构隧道	3.8m	淤泥质黏土	4	−4～6.5	—	—
18	杭州市上城区基坑[21]	明挖	地连墙＋钻孔桩	盾构隧道	15.5m/32m	砂质粉土	4、2.5	−1.0～2.0	14.5	19.3
19	上海大宁商业中心基坑[22]	盆式开挖	钻孔灌注桩	盾构隧道	5.45m	淤泥质	4	7.1	12.3	22.6
20	广州市天河区基坑[23]	分层分区	旋挖桩	暗挖隧道	6.0m	粉质黏土	3.9	1.3	9	16
21	上海市徐家汇基坑[24]	盆式开挖	—	盾构隧道	25m	淤泥质粉质黏土	4.1	−6.5	—	—
22	深圳紧邻隧道基坑[25]	明挖	咬合桩	盾构隧道	4.45m	粗砾砂	3.2	−2.88	15.34	20
23	杭州地铁8号线基坑[26]	跳隔明挖	地连墙	车站、盾构隧道	5m/8m	黏土、粉砂	6.55/1.8	1/−3.57	—	—
24	上海市紧邻有轨交通1号线基坑[27]	分层分块	钻孔灌注桩	盾构隧道	7.2m	砂质粉土	4.9	−3.5	—	—

续表

序号	工程名称	新建基坑情况		既有地下结构情况			既有地下结构水平位移① （mm）		基坑围护结构水平位移② （mm）	
		施工方法	围护结构及加固	类型	近接距离	地层	水平位移	竖向位移	既有结构侧	无既有结构侧
25	杭州上城区某基坑[28]	分区分块	钻孔灌注桩	盾构隧道	20.8m	黏质粉土	2.2	2.5	—	—
26	青岛某酒店[29]	爆破开挖	—	明挖、暗挖隧道	16m	—	1.4	1.4	—	—
27	上海裕年国际商务大厦[30]	盆式开挖	地连墙	盾构隧道	7m	—	2.12	3.3	—	—
28	广州某邻近隧道基坑[31]	明挖	旋转桩＋预应力锚索	盾构隧道	9.7m	粉质黏土	—	4	—	—
29	合肥某深基坑[32]	—	钻孔灌注桩	明挖隧道	23.4m	粉质黏土	2.7	2.84	—	—
30	上海市大宁商业中心基坑[33]	分层开挖	钻孔灌注桩	盾构隧道	6.5m	—	7.1	4	20.7	—
31	上海某基坑[34]	盆式开挖	钻孔灌注桩及厚承台	盾构隧道	3.8m	粉质黏土	—	6.1	—	—
32	上海南京路某广场[35]	盆式开挖	旋喷桩	盾构隧道	2m	淤泥质粉质黏土	4	7.74	—	—
33	上海徐汇区某基坑[36]	分块开挖	连续墙	车站	25m			−5.54	—	—
34	济南历下医养结合中心项目[37]	—	钻孔灌注桩＋悬臂桩	盾构隧道	15.4m	粉质黏土	7.23	−3.0	—	—
35	杭州中华饭店项目[38]	—	—	盾构隧道	10.5m	淤泥质粉质黏土	3.3	−2.0	—	—
36	天津某邻近地铁车站[39]	—	钻孔灌注桩	车站	2.66m	粉质黏土	10.18	17.97	—	—
37	厦门某广场[40]	明挖	排桩＋内支撑＋止水帷幕	盾构隧道	5.8m	残积砂质黏性土	9.6	2.1	—	—
38	南昌市某商务公寓楼[41]	分块开挖	钻孔灌注桩	盾构隧道	23.0m	粗砂、砾砂层	1.75	0.393	—	—
39	上海某地铁车站项目[42]	明挖	地连墙	明挖隧道	9.76m	粉质黏土	9	−1.29	—	—
40	南京雨花台区某基坑[43]	明挖	悬臂桩	明挖、暗挖隧道	7m	中风化泥质粉砂岩	4.2	3.3	—	—
41	上海市静安寺车站[44]	分层开挖	地连墙	盾构隧道	15m	—	3	−1.3	—	—
42	上海市南京西路1788地块基坑工程[45]	分层开挖	地连墙	盾构隧道	10.4m	淤泥质粉质黏土	13.13	5.5	—	—

续表

序号	工程名称	新建基坑情况		既有地下结构情况			既有地下结构水平位移①（mm）		基坑围护结构水平位移②（mm）	
		施工方法	围护结构及加固	类型	近接距离	地层	水平位移	竖向位移	既有结构侧	无既有结构侧
43	上海会德丰国际广场[46]	分块开挖	地连墙	盾构隧道	5.4m	—	—	-16.67	—	—
44	上海世博片区绿谷一期基坑工程[47]	分块开挖	地连墙	盾构隧道	9.7m	灰色黏土	7	4.5	—	—
45	上海香港广场[48]	明挖	地连墙	盾构隧道	3.8m	—	8.5	-4.2	—	—
46	上海广场项目基坑[49]	—	地连墙		2.8m	—	13.1	—	—	—
47	上海交响乐团迁建工程浅坑[50]	明挖	地连墙	盾构隧道	14.6m	灰色淤泥质粉质黏土	7.22	-7.92	—	—
48	上海前滩30-01地块项目[51]	盆式开挖	地连墙	盾构隧道	10m	—	—	2	—	—
49	天津市区某基坑[52]	—	地连墙	盾构隧道	16.5m	粉质黏土	3.5	2	—	—
50	天津市天河城购物中心工程[53]	分块开挖	地连墙	地铁车站	共墙	—	2.97	-7.16	—	—
51	广州市黄沙车站商住发展项目[54]	—	地连墙	盾构隧道	6m	砂土	4.1	-4.7	—	—
52	广州地铁侧方某深基坑工程[55]	明挖	地连墙	盾构隧道	6m	全风化泥质砂岩层	1.2	0.2	—	—
53	广州地铁1号线区间西侧某基坑工程[56]	分块开挖	双排旋挖桩	明挖段+暗挖段隧道	8.4m	全风化泥质砂岩层	3.62	1.64/-2.46	—	—
54	广州鸿晖大厦[57]	—	地连墙	盾构隧道	8.4m	粉质黏土	4.9	—	—	—
55	深圳中国人寿大厦基坑[58]	—	地连墙	盾构隧道	4.3m	中风化花岗岩	6.7	0.9	—	—
56	招商银行深圳分行大厦项目[59]	分层开挖	旋挖咬合桩+内支撑	盾构隧道	6.7m	强风化花岗岩	7.3	-5.13	—	—
57	杭州市下沙某工程[60]	分块开挖	钻孔灌注桩	—	11m	粉质黏土	7.4	—	—	—
58	杭政储出15号地块项目[61]	明挖	地连墙	盾构隧道	7.6m	粉质黏土	4	-2.5	—	—

续表

序号	工程名称	新建基坑情况		既有地下结构情况			既有地下结构水平位移①（mm）		基坑围护结构水平位移②（mm）	
		施工方法	围护结构及加固	类型	近接距离	地层	水平位移	竖向位移	既有结构侧	无既有结构侧
59	苏州人民商场新平江商业广场[62]	—	地连墙	盾构隧道	30m	粉砂	1.2	−0.7	—	—
60	苏州邻近既有盾构隧道某深基坑[63]	明挖	地连墙	盾构隧道	7.3m	粉砂	2	−0.6	—	—
61	宁波绿地中心项目基坑[64]	明挖	地连墙	车站	11.5m	—	—	−17	—	—
62	北京地区某基坑[65]	明挖	双排悬臂桩	盾构隧道	8m	—	3.26	1.12	—	—
63	南昌市826工程项目[66]	明挖	钻孔灌注桩	盾构隧道	22m	中砂	1.2	−1	—	—
64	中国东部地区某楼附建场地[67]	—	地连墙	—	4m	—	1.4	5.9	—	—
65	青岛市胶州湾海底隧道接线端工程[68]	分块分层开挖	地连墙＋锚杆	暗挖隧道	13m	微风化花岗岩	0.58	1	—	—

注：①—既有地下结构水平位移以朝向基坑侧为正，竖向位移以隆起为正；②—基坑围护结构水平位移以朝向基坑侧为正；③—表示论文依托项目实测数据。

极限主动土压力理论计算方法研究

本章针对近接增建工程与土体滑移面空间位置关系，提出土体破坏模式。采用薄层微元法建立静力微分方程，考虑中间有限土体与结构界面的摩擦作用，建立有限土体土压力强度及其合力的计算方法。通过土体破坏模式的界限状态验证了本章计算方法的一致性，结合文献算例与模型试验数据分析，验证本章提出有限土体计算方法的合理性。

2.1　土体破坏模式

根据近接工程新建基坑与既有地下结构间的空间位置关系，有限土体形式多样，基于既有地下结构与半无限土体滑移面的关系，提出 5 种土体破坏模式（图 2-1）。土体破坏模式一为既有地下结构在基坑开挖影响区的外侧，即既有地下结构对滑移面没有影响；土体破坏模式二为滑移面与既有地下结构近基坑侧边墙相接；土体破坏模式三为滑移面与近基坑侧既有地下结构底板相接（即交点位于既有地下结构底板中点靠近新建基坑侧）；土体破坏模式四为滑移面与远基坑侧既有地下结构底板相接（即交点位于既有地下结构底板中点远离新建基坑侧）；土体破坏模式五为滑移面将既有地下结构包络住。

图 2-1 中，H 为基坑开挖深度，D 为围护结构嵌固深度。h_j 为既有地下结构覆土厚度（以下简称"覆土深度"），h_0 为既有地下结构高度，h_s 为围护结构嵌固端与既有地下结构底板的竖向距离，b 为基坑与既有地下结构间水平近接距离（以下简称"近接距离"），b_0 为既有地下结构宽度，θ 为土体潜在滑移面倾角。

5 种破坏模式下的基坑与既有地下结构位置关系式如下所示：

$$b \geqslant \frac{(h_s + h_0)}{\tan(45° + \varphi / 2)} \tag{2-1}$$

$$\frac{h_s}{\tan(45° + \varphi / 2)} \leqslant b \leqslant \frac{(h_s + h_0)}{\tan(45° + \varphi / 2)} \tag{2-2}$$

$$\frac{h_s}{\tan(45° + \varphi / 2)} - \frac{b_0}{2} \leqslant b \leqslant \frac{h_s}{\tan(45° + \varphi / 2)} \tag{2-3}$$

$$\frac{h_s}{\tan(45° + \varphi / 2)} - b_0 \leqslant b \leqslant \frac{h_s}{\tan(45° + \varphi / 2)} - \frac{b_0}{2} \tag{2-4}$$

$$0 < b \leqslant \frac{h_s}{\tan(45° + \varphi / 2)} - b_0 \tag{2-5}$$

基于薄层微元法，建立近接工程有限土体极限主动土压力计算方法。给出有限土体土压力计算方法基本假定：

（1）围护结构后土体表面水平且均一、各向同性。

（2）土体为砂性土且符合 M-C 准则，即 $\tau = \sigma \tan\varphi$，$\varphi$ 为内摩擦角。

（3）结合文献 [69] 的试验成果，假设围护结构嵌固端处滑移面破坏角为 45° +φ/2。

（4）既有地下结构上覆土体滑移面的破坏角为 45° +φ/2。

（5）忽略地下水的影响。

（6）既有地下结构刚度大、整体性好。

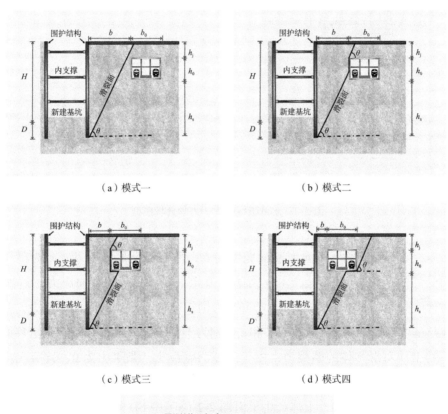

（a）模式一　　　　　　　　　　　　（b）模式二

（c）模式三　　　　　　　　　　　　（d）模式四

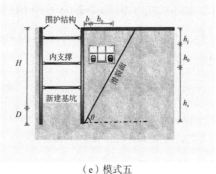

（e）模式五

图 2-1　土体破坏模式

2.2　理论计算方法

2.2.1　破坏模式一

近接增建基坑土体破坏模式一为既有地下结构在滑移面外侧［图2-1（a）］，基坑与既有地下结构空间位置关系符合式（2-1）。根据土体破坏模式一，给出了有限土体极限土压力理论计算模型，如图2-2所示。

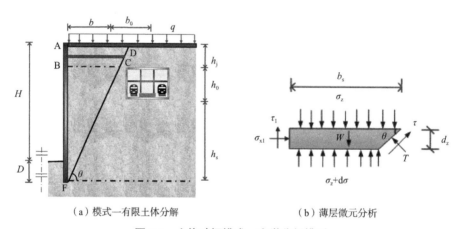

（a）模式一有限土体分解　　　　　　　（b）薄层微元分析

图2-2　土体破坏模式一力学分析模型

图2-2（b）中，薄层微元上表面宽度为b_s，薄层微元厚度为d_z。σ_z为薄层微元上表面受到的平均竖向应力，$\sigma_z+d\sigma$为薄层微元下表面受到的竖向应力，σ_{x1}为围护结构对薄层微元的水平反力，$\tau_1=\sigma_{x1}\cdot\tan\delta_1$为围护结构与土体的界面摩擦力，其中$\delta_1$为土体与基坑围护结构外摩擦角。$T$和$\tau$分别为不动土体对滑移体垂直于滑移面的反力和不动土体对滑移体的摩擦力，由于土体为砂性土，黏聚力为0，其剪应力值为$\tau=T\cdot\tan\varphi$，薄层土体微元的自重$W=\gamma\cdot b_s d_z$，其中γ为土体重度，q为超载。

由图2-2（a）中可知，土体产生了沿图2-2（a）中FD的滑动。采用薄层单元法对滑移体AFD展开力学分析，在距离地面竖向深度z处选取一水平薄层微元，对微元水平方向建立力学平衡方程，即：

$$\sigma_{x1}\mathrm{d}z+\tau\cdot\cos\theta\cdot\frac{\mathrm{d}z}{\sin\theta}=T\cdot\sin\theta\cdot\frac{\mathrm{d}z}{\sin\theta} \tag{2-6}$$

根据文献[70]，$\sigma_{x1}=k_a\cdot\sigma_z$，$k_a$为朗肯主动土压力系数。

整理式（2-6）得：

$$T=a_1\sigma_z \tag{2-7}$$

式（2-7）中：

$$a_1 = \frac{k_a \tan\theta}{(\tan\theta - \tan\varphi)} \tag{2-8}$$

忽略二阶微量，并结合式（2-7）对薄层微元建立竖向力学平衡方程，即

$$\sigma_z b_s + \gamma A = (\sigma_z + d\sigma) \cdot (b_s - \frac{dz}{\tan\theta}) + \tau_1 dz + T \cdot \cos\theta \cdot \frac{dz}{\sin\theta} + \tau \cdot \sin\theta \cdot \frac{dz}{\sin\theta} \tag{2-9}$$

求解式（2-9）得：

$$\begin{cases} \sigma_z = m(H + D - z)^{a_2} + \dfrac{\gamma(H + D - z)}{a_2 - 1} \\ \sigma_{x1} = k_a \sigma_z \end{cases} \tag{2-10}$$

式（2-10）中，$a_2 = k_a \tan\delta_1 \tan\theta + a_1 \tan\varphi \tan\theta + a_1 - 1$。$m$ 为待定系数。将 $\sigma_{z(z=0)} = q$ 代入式（2-10）中，得到

$$m = \left[q - \frac{\gamma(H + D)}{a_2 - 1} \right] (H + D)^{-a_2} \tag{2-11}$$

模式一的土压力合力可以通过式（2-12）进行计算：

$$E_a = \int_0^{H+D} \sigma_{x1} dz = \frac{k\gamma(H + D)^2}{2(a_2 - 1)} + \frac{km(H + D)^{a_2+1}}{a_2 + 1} \tag{2-12}$$

2.2.2　破坏模式二

近接增建有限土体破坏模式二为滑移面与既有地下结构边墙相接[图 2-1（b）]，基坑与既有地下结构位置关系符合式（2-2）。根据土体破坏模式二，给出了有限土体极限土压力理论计算模型，如图 2-3 所示。

由图 2-3 可知，土体产生了沿图 2-3（a）中的 FGCD 滑动。为了分析不规则滑移体 AFGCD 的力学特性，将其分为 ABCD、BEGC、EFG 三部分。

1. 滑移体 ABCD

滑移体 ABCD 的力学分析过程同模式一，对薄层微元[图 2-3（b）]建立方程。其通解形式同模式一解，即：

$$\sigma_{x1} = k_a \left[m_1(b\tan\theta + h_j - z)^{a_2} + \frac{\gamma(b\tan\theta + h_j - z)}{a_2 - 1} \right] \tag{2-13}$$

式（2-13）中 m_1 为待定系数，当 $z=0$ 时，$\sigma_z = q$，代入式（2-13）中，得到

$$m_1 = \left[q - \frac{\gamma(b\tan\theta + h_j)}{a_2 - 1} \right] (b\tan\theta + h_j)^{-a_2} \tag{2-14}$$

滑移体 ABCD 深度的取值范围为 $0 \sim h_j$。当 $z=h_j$ 时，BC 面水平应力为：

$$\sigma_{x1(z=h_j)}=k_a\left[m_1(b\tan\theta)^{a_2}+\frac{\gamma b\tan\theta}{a_2-1}\right] \qquad （2-15）$$

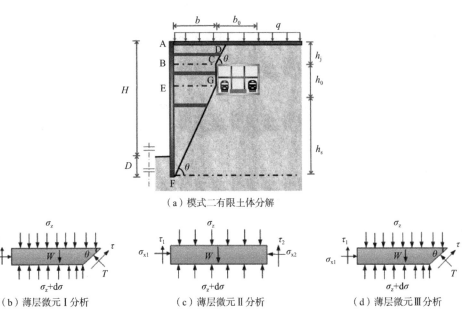

（a）模式二有限土体分解

（b）薄层微元 I 分析　　　（c）薄层微元 II 分析　　　（d）薄层微元 III 分析

图 2-3　土体破坏模式二力学分析模型

2. 滑移体 BEGC

针对滑移体 BEGC 中微元 [图 2-3（b）] 建立力学微分平衡方程。其中 δ_2 为土体与既有地下结构界面摩擦角，σ_{x2} 为既有地下结构对薄层微元的水平反力，$\tau_2=\sigma_{x2}\cdot\tan\delta_2$ 为既有地下结构与薄层微元界面摩擦力，根据图 2-3（b）中的几何关系可以得到微元面积 $A=b\cdot d_z$。滑移体 BEGC 的深度范围为 $h_j \sim h_j+h_0+h_s-b\tan\theta$。

$$\begin{cases}\sigma_{x1}dz=\sigma_{x2}dz \\ \sigma_z b+\gamma A=(\sigma_z+d\sigma)\cdot b+\tau_1 dz+\tau_2 dz \\ \sigma_{x1}=k_a\sigma_z\end{cases} \qquad （2-16）$$

求解式（2-16），得到：

$$\sigma_{x1}=k_a(m_2 e^{-a_3 z}+\frac{\gamma}{a_3}) \qquad （2-17）$$

式（2-17）中，$a_3=\dfrac{k_a}{b}(\tan\delta_1+\tan\delta_2)$，$m_2$ 为待定系数，当 $z=h_j$ 时，将式（2-15）代入式（2-17）中，得到：

$$m_2 = \left\{ \left[m_1(b\tan\theta)^{a_2} + \frac{\gamma b\tan\theta}{a_2-1} \right] - \frac{\gamma}{a_3} \right\} e^{a_3 h_j} \tag{2-18}$$

当 $z=H+D-b\tan\theta$ 时，EG 面水平应力为：

$$\sigma_{x1(z=D+H-b\tan\theta)} = k_a \left[m_2 e^{-a_3(D+H-b\tan\theta)} + \frac{\gamma}{a_3} \right] \tag{2-19}$$

3. 滑移体 EFG

参考模式一，对滑移体 EFG 选一微元并建立力学平衡方程。其通解形式同模式一解，滑移体 EFG 的深度范围为 $h_j+h_0+h_s-b\tan\theta \sim h_j+h_0+h_s$。

$$\sigma_{x1} = k_a \left[m_3(H+D-z)^{a_2} + \frac{\gamma(H+D-z)}{a_2-1} \right] \tag{2-20}$$

式（2-20）中 m_3 为待定系数，当 $z=H+D-b\tan\theta$ 时，将式（2-15）代入式（2-20）中得到：

$$m_3 = \frac{\left[m_2 e^{-a_3(D+H-b\tan\theta)} + \dfrac{\gamma}{a_3} - \dfrac{\gamma b\tan\theta}{a_3-1} \right]}{(b\tan\theta)^{a_2}} \tag{2-21}$$

综上，模式二的土压力强度可以通过式（2-22）进行计算：

$$\begin{cases} \sigma_{x1} = k_a \left[m_1(b\tan\theta + h_j - z)^{a_2} + \dfrac{\gamma(b\tan\theta + h_j - z)}{a_2-1} \right] & 0 \leqslant z \leqslant h_j \\[3mm] \sigma_{x1} = k_a \left(m_2 e^{-a_3 z} + \dfrac{\gamma}{a_3} \right) & h_j \leqslant z \leqslant h_j + h_0 - b\tan\theta \\[3mm] \sigma_{x1} = k_a \left[m_3(H+D-z)^{a_2} + \dfrac{\gamma(H+D-z)}{a_2-1} \right] & h_j + h_0 - b\tan\theta \leqslant z \leqslant H+D \end{cases} \tag{2-22}$$

模式二的土压力合力可以通过式（2-23）进行计算：

$$E_a = k_a \left[\begin{array}{l} \dfrac{\gamma(h_j+b\tan\theta)^2}{2(a_1-1)} + \dfrac{m_1(h_j+b\tan\theta)^{a_1+1} + (m_3-m_1)(b\tan\theta)^{a_1+1}}{a_1+1} + \\[4mm] \dfrac{\gamma(h_0+h_s-b\tan\theta) + m_2[e^{-a_2 h_j} - e^{-a_2(H+D-b\tan\theta)}]}{a_3} \end{array} \right] \tag{2-23}$$

2.2.3 破坏模式三

土体破坏模式三为滑移面与近基坑侧既有地下结构底板相接 [图 2-1（c）]。基坑与既有地下结构位置关系符合式（2-3）。根据土体破坏模式三，给出了有限土体极限土压力理论计算模型，如图 2-4 所示。

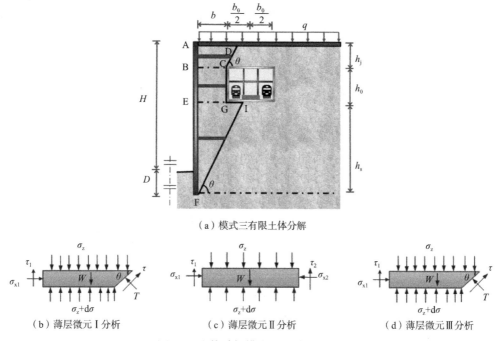

（a）模式三有限土体分解

（b）薄层微元Ⅰ分析　　　　（c）薄层微元Ⅱ分析　　　　（d）薄层微元Ⅲ分析

图 2-4　土体破坏模式三力学分析模型

由图 2-4 可知，土体产生了 FIGCD 面滑动。为了分析不规则滑移体 AFIGCD 的力学特征，将其分为 ABCD、BEGC、EFI 三部分。滑移体 EFI 向下滑动，接触面 GI 上既有地下结构与土体不存在相互作用。

1. 滑移体 ABCD

土体破坏模式三滑移体 ABCD 的力学分析过程同模式二滑移体 ABCD，参见式（2-13）、式（2-14）。当 $z=h_j$ 时，BC 面水平应力计算结果同式（2-15）。

2. 滑移体 BEGC

模式三滑移体 BEGC 的力学分析过程同模式二滑移体 BEGC，其水平应力计算公式同式（2-19）。滑移体 BEGC 的深度取值范围为 $h_j \sim h_j+h_0$。当 $z=h_j+h_0$ 时，EG 面水平应力为：

$$\sigma_{x1(z=h_0+h_j)}=k_a\left[m_2 e^{-a_3(h_0+h_j)}+\frac{\gamma}{a_3}\right] \tag{2-24}$$

3. 滑移体 EFI

模式三滑移体 EFI 的力学分析过程同模式二滑移体 EFG，其水平应力计算公式为：

$$\sigma_{x1}=k_a\left[m_4(H+D-z)^{a_2}+\frac{\gamma(H+D-z)}{a_2-1}\right] \tag{2-25}$$

滑移体 EFI 的深度取值范围为 $h_j+h_0 \sim h_j+h_0+h_s$。当 $z=h_j+h_0$ 时，EI 面水平应力为：

$$\sigma_{x1(z=h_0+h_j)}=k_a\left\{\left[m_2 \mathrm{e}^{-a_3(h_0+h_j)}+\frac{\gamma}{a_3}\right]\frac{b\tan\theta}{h_s}\right\} \quad (2\text{-}26)$$

将式（2-26）代入式（2-25）中，得：

$$m_4=\frac{\left[m_2 \mathrm{e}^{-a_3(h_0+h_j)}+\dfrac{\gamma}{a_3}\right]\dfrac{b\tan\theta}{h_s}-\dfrac{\gamma(H+D-h_0-h_j)}{a_2-1}}{(H+D-h_0-h_j)^{a_2}} \quad (2\text{-}27)$$

综上，模式三的土压力强度可以通过式（2-28）进行计算：

$$\begin{cases}\sigma_{x1}=k_a\left[m_1(b\tan\theta+h_j-z)^{a_2}+\dfrac{\gamma(b\tan\theta+h_j-z)}{a_2-1}\right] & 0\leq z\leq h_j \\[2mm] \sigma_{x1}=k_a\left(m_2 \mathrm{e}^{-a_3 z}+\dfrac{\gamma}{a_3}\right) & h_j\leq z\leq h_j+h_0 \\[2mm] \sigma_{x1}=k_a\left[m_3(H+D-z)^{a_2}+\dfrac{\gamma(H+D-z)}{a_2-1}\right] & h_j+h_0\leq z\leq H+D\end{cases} \quad (2\text{-}28)$$

模式三的土压力合力可通过式（2-29）进行计算：

$$E_a=k_a\left[\begin{array}{l}\dfrac{\gamma[(h_j+b\tan\theta)^2+h_s^2-(b\tan\theta)^2]}{2(a_1-1)}+\\[3mm] \dfrac{m_1[(h_j+b\tan\theta)^{a_1+1}-(b\tan\theta)^{a_1+1}]+m_4 h_s^{a_1+1}}{a_1+1}+\dfrac{\gamma h_0+m_2[\mathrm{e}^{-a_2 h_j}-\mathrm{e}^{-a_2(h_0+h_j)}]}{a_2}\end{array}\right] \quad (2\text{-}29)$$

2.2.4　破坏模式四

近接增建基坑土体破坏模式四为滑移面与远基坑侧既有地下结构底板相接[图 2-1（d）]。基坑与既有地下结构位置关系符合式（2-4）。根据土体破坏模式四，给出了有限土体极限土压力理论计算模型，如图 2-5 所示。

由图 2-5 可知，土体产生了沿 FIGD 的滑动面。为了分析不规则滑移体 AFIGD 的力学特征，将其分为 ABCD、BEGC、EFI 三部分。滑移体 EFI 向下滑动，接触面 GI 上既有地下结构与土体不存在相互作用。

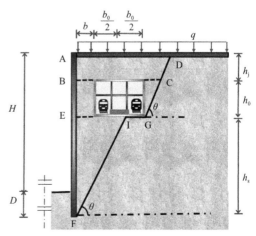

图 2-5　土体破坏模式四力学分析模型

假定地铁车站自重为 G_0，模式三中滑移体 BEGC 的等效重度为 γ_D：

$$\gamma_D = \frac{G_0 + \gamma(bh_0 + \dfrac{h_0^2}{2\tan\theta})}{b_0 h_0 + bh_0 + \dfrac{h_0^2}{2\tan\theta}} = \frac{2\tan\theta G_0 + \gamma(2\tan\theta bh_0 + h_0^2)}{2\tan\theta b_0 h_0 + 2\tan\theta bh_0 + h_0^2} \qquad (2\text{-}30)$$

按照前文分析方法，利用薄层微元法分别对 ABCD、BEGC、EFI 展开分析。求得理论公式为：

$$\begin{cases} \sigma_{x1} = k_a \left\{ m_5[(b+b_0)\tan\theta + h_0 + h_j - z]^{a_1} + \dfrac{\gamma[(b+b_0)\tan\theta + h_0 + h_j - z]}{a_1 - 1} \right\} & 0 \leqslant z \leqslant h_j \\[4mm] \sigma_{x1} = k_a \left\{ m_6[(b+b_0)\tan\theta + h_0 + h_j - z]^{a_1} + \dfrac{\gamma_D[(b+b_0)\tan\theta + h_0 + h_j - z]}{a_1 - 1} \right\} & h_j \leqslant z \leqslant h_j + h_0 \\[4mm] \sigma_{x1} = k_a \left[m_7(H+D-z)^{a_1} + \dfrac{\gamma(H+D-z)}{a_1 - 1} \right] & h_j + h_0 \leqslant z \leqslant H+D \end{cases}$$

$$(2\text{-}31)$$

其中，参数 m_5、m_6、m_7 分别为：

$$\begin{cases} m_5 = \left\{ q - \dfrac{\gamma[(b+b_0)\tan\theta + h_0 + h_j]}{a_1 - 1} \right\}[(b+b_0)\tan\theta + h_0 + h_j]^{-a_1} \\[4mm] m_6 = \left\{ m_5[(b+b_0)\tan\theta + h_0]^{a_1} + \dfrac{(\gamma - \gamma_D)[(b+b_0)\tan\theta + h_0]}{a_1 - 1} \right\}[(b+b_0)\tan\theta + h_0]^{-a_1} \\[4mm] m_7 = \left\{ \left[m_6(b\tan\theta + b_0\tan\theta)^{a_1} + \dfrac{\gamma_D(b+b_0)\tan\theta}{a_1 - 1} \right]\dfrac{(b+b_0)\tan\theta}{h_s} - \dfrac{\gamma h_s}{a_1 - 1} \right\}h_s^{-a_1} \end{cases} \quad (2\text{-}32)$$

模式四的土压力合力为：

$$E_a = k_a \left[\begin{array}{c} \dfrac{\gamma h_s^2 + \gamma_D[h_j + h_0 + (b+b_0)\tan\theta]^2 - (\gamma + \gamma_D)[h_0 + (b+b_0)\tan\theta]^2}{2(a_1 - 1)} + \\[4mm] \dfrac{m_5[h_j + h_0 + (b+b_0)\tan\theta]^{a_1+1} - m_6[(b+b_0)\tan\theta]^{a_1+1} + (m_6 - m_5)[h_0 + (b+b_0)\tan\theta]^{a_1+1} + m_7 h_s^{a_1+1}}{a_1 + 1} \end{array} \right]$$

$$(2\text{-}33)$$

2.2.5　破坏模式五

近接增建基坑土体破坏模式五为滑移面将既有地下结构包络住 [图 2-1（e）]。基坑与既有地下结构位置关系符合式（2-5）。根据土体破坏模式五，给出了有限土体极限土压力理论计算模型，如图 2-6 所示。

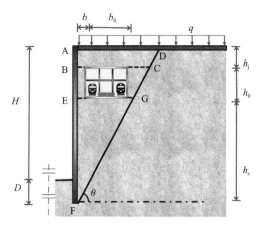

图 2-6　土体破坏模式五力学分析模型

由图 2-6 可知，土体产生了沿 FGCD 的滑动面。为了分析不规则滑移体 AFD 的力学特征，将滑移体 AFD 分为三块，分别是滑移体 ABCD、BEGC、EFG。其中，滑移体 BEGC 等效重度为：

$$\gamma_{\mathrm{D1}}=\frac{2\tan\theta G_0+\gamma h_0(2h_s+h_0-2b_0\tan\theta)}{2h_0h_s+h_0^2} \qquad (2\text{-}34)$$

按照前文分析方法，利用薄层微元法分别对 ABCD、BEGC、EFG 展开分析。求得理论公式为：

$$\begin{cases} \sigma_{x1}=k_a\left\{m_5[(b+b_0)\tan\theta+h_0+h_j-z]^{a_2}+\dfrac{\gamma[(b+b_0)\tan\theta+h_0+h_j-z]}{a_2-1}\right\} & 0\leqslant z\leqslant h_j \\[2ex] \sigma_{x1}=k_a\left[m_8(H+D-z)^{a_2}+\dfrac{\gamma_{\mathrm{D1}}(H+D-z)}{a_2-1}\right] & h_j\leqslant z\leqslant h_j+h_0 \\[2ex] \sigma_{x1}=k_a\left[m_9(H+D-z)^{a_2}+\dfrac{\gamma(H+D-z)}{a_2-1}\right] & h_j+h_0\leqslant z\leqslant H+D \end{cases}$$

$$(2\text{-}35)$$

其中，参数 m_5、m_8、m_9 分别为：

$$\begin{cases} m_5=\left\{q-\dfrac{\gamma[(b+b_0)\tan\theta+h_0+h_j]}{a_1-1}\right\}[(b+b_0)\tan\theta+h_0+h_j]^{-a_1} \\[2ex] m_8=\left[m(h_0+h_s)^{a_1}+\dfrac{(\gamma-\gamma_{\mathrm{D1}})(h_0+h_s)}{a_1-1}\right](h_0+h_s)^{-a_1} \\[2ex] m_9=\left[m_8h_s^{a_1}+\dfrac{(\gamma_{\mathrm{D1}}-\gamma)h_s}{a_1-1}\right]h_s^{-a_1} \end{cases} \qquad (2\text{-}36)$$

模式五的土压力合力为:

$$E_\mathrm{a} = k_\mathrm{a} \left[\begin{array}{c} \dfrac{\gamma[h_\mathrm{s}^2 + (H+D)^2 - (h_0 + h_\mathrm{s})^2] + \gamma_{\mathrm{D1}}[(h_0 + h_\mathrm{s})^2 - h_\mathrm{s}^2]}{2(a_2 - 1)} \\ + \dfrac{(m_9 - m_8)(h_0 + h_\mathrm{s})^{a_2 + 1} - m_8(H+D)^{a_2+1} + (m_{10} - m_9)h_\mathrm{s}^{a_2+1}}{a_2 + 1} \end{array} \right] \qquad (2\text{-}37)$$

2.2.6　公式一致性验证

当滑移面相切于既有地下结构左上角时(图 2-7),此时为模式一与模式二的临界状态;当滑移面相切于既有地下结构左下角时(图 2-8),此时为模式二与模式三的临界状态;当滑移面相切于既有地下结构右下角时(图 2-9),此时为模式四与模式五的临界状态。

当滑移面与既有地下结构相交于图 2-7 中 C 点时,本节提出的模式一与模式二计算方法均可得到作用在围护结构上的土压力。

根据基坑与既有地下结构位置关系可知,当滑移面相切于图 2-7 中 C 点时,近接距离如下式:

$$b = (h_\mathrm{s} + h_0) / \tan(45° + \varphi / 2) \qquad (2\text{-}38)$$

当采用模式一计算方法时,根据式(2-10)可得到作用在围护结构上的土压力为:

$$\begin{cases} \text{AB段:} \ \sigma_{\mathrm{x1}} = k_\mathrm{a} \left[m(H+D-z)^{a_2} + \dfrac{\gamma(H+D-z)}{a_2 - 1} \right] \\ \text{BF段:} \ \sigma_{\mathrm{x1}} = k_\mathrm{a} \left[m(H+D-z)^{a_2} + \dfrac{\gamma(H+D-z)}{a_2 - 1} \right] \\ m = \left[q - \dfrac{\gamma(H+D)}{a_3 - 1} \right] (H+D)^{-a_2} \end{cases} \qquad (2\text{-}39)$$

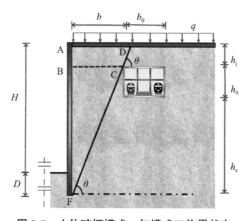

图 2-7　土体破坏模式一与模式二临界状态

当采用模式二计算方法时，将式（2-38）代入式（2-13）、式（2-17）、式（2-20），分别得到作用在围护结构上的土压力为：

$$
\begin{cases}
\text{AB段：} \sigma_{x1} = k_a \left[m_1 (H + D - z)^{a_2} + \dfrac{\gamma (H + D - z)}{a_2 - 1} \right] \\[2mm]
\text{BE段：} \sigma_{x1(z = h_j)} = k_a \left(m_2 e^{-a_3 h_j} + \dfrac{\gamma}{a_3} \right) \\[2mm]
\text{BF段：} \sigma_{x1} = k_a \left[m_3 (H + D - z)^{a_2} + \dfrac{\gamma (H + D - z)}{a_2 - 1} \right] \\[2mm]
m_1 = \left[q - \dfrac{\gamma (H + D)}{a_2 - 1} \right] (H + D)^{-a_2} \\[2mm]
m_2 = \left\{ \left[m_1 (h_0 + h_s)^{a_2} + \dfrac{\gamma (h_0 + h_s)}{a_2 - 1} \right] - \dfrac{\gamma}{a_3} \right\} e^{a_3 h_j} \\[2mm]
m_3 = \left[q - \dfrac{\gamma (H + D)}{a_2 - 1} \right] (H + D)^{-a_2}
\end{cases}
\tag{2-40}
$$

根据模式一与模式二得到的土压力计算公式，当滑移面与既有地下结构相交于图 2-7 中 C 点时，模式一与模式二土压力计算结果一致。

当滑移面与既有地下结构相交于图 2-8 中 G 点时，本节提出的模式二与模式三计算方法均可得到土压力。

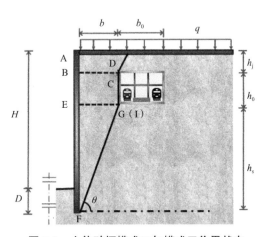

图 2-8　土体破坏模式二与模式三临界状态

根据基坑与既有地下结构位置关系可知，当滑移面相切于图 2-8 中 G 点时，近接距离如下式所示：

$$
b = h_s / \tan(45° + \varphi / 2) \tag{2-41}
$$

当采用模式二计算方法时，将式（2-41）代入式（2-13）、式（2-17）、式（2-20），分别得到作用在围护结构上的土压力为：

$$
\begin{cases}
AB段：\sigma_{x1}=k_a\left[m_1(h_s+h_j-z)^{a_2}+\dfrac{\gamma(h_s+h_j-z)}{a_2-1}\right] \\[2ex]
BE段：\sigma_{x1}=k_a\left(m_2e^{-a_3z}+\dfrac{\gamma}{a_3}\right) \\[2ex]
EF段：\sigma_{x1}=k_a\left[m_3(H+D-z)^{a_2}+\dfrac{\gamma(H+D-z)}{a_2-1}\right] \\[2ex]
m_1=\left[q-\dfrac{\gamma(H+D)}{a_2-1}\right](H+D)^{-a_2} \\[2ex]
m_2=\left\{\left[m_1(h_0+h_s)^{a_2}+\dfrac{\gamma(h_0+h_s)}{a_2-1}\right]-\dfrac{\gamma}{a_3}\right\}e^{a_3h_j} \\[2ex]
m_3=\left[q-\dfrac{\gamma(H+D)}{a_2-1}\right](H+D)^{-a_2}
\end{cases}
\tag{2-42}
$$

当采用模式三计算方法时，将式（2-41）代入式（2-13）、式（2-17）、式（2-20），分别得到作用在围护结构上的土压力为：

$$
\begin{cases}
AB段：\sigma_{x1}=k_a\left[m_1(h_s+h_j-z)^{a_2}+\dfrac{\gamma(h_s+h_j-z)}{a_2-1}\right] \\[2ex]
BE段：\sigma_{x1}=k_a\left(m_2e^{-a_3z}+\dfrac{\gamma}{a_3}\right) \\[2ex]
EF段：\sigma_{x1}=k_a\left[m_4(H+D-z)^{a_2}+\dfrac{\gamma(H+D-z)}{a_2-1}\right] \\[2ex]
m_1=\left[q-\dfrac{\gamma(H+D)}{a_2-1}\right](H+D)^{-a_2} \\[2ex]
m_2=\left\{\left[m_1(h_0+h_s)^{a_2}+\dfrac{\gamma(h_0+h_s)}{a_2-1}\right]-\dfrac{\gamma}{a_3}\right\}e^{a_3h_j} \\[2ex]
m_4=\left[q-\dfrac{\gamma(H+D)}{a_2-1}\right](H+D)^{-a_2}
\end{cases}
\tag{2-43}
$$

当滑移面与既有地下结构相交于图 2-9 中 G 点时，本节提出的模式四与模式五计算方法均可得到作用在围护结构上的土压力。

根据基坑与既有地下结构位置关系可知，当滑移面相切于图 2-9 中 G 点时，近接距离如下式所示：

$$
b=h_s/\tan(45°+\varphi/2)-b_0
\tag{2-44}
$$

当采用模式四计算方法时，将式（2-44）代入式（2-31），分别得到作用在围护结构上的土压力为：

$$
\begin{cases}
\text{AB段：} & \sigma_{x1} = k_a\left[m_5(H+D-z)^{a_2} + \dfrac{\gamma(H+D-z)}{a_2-1} \right] \\[3mm]
\text{BE段：} & \sigma_{x1} = k_a\left[m_6(H+D-z)^{a_2} + \dfrac{\gamma_D(H+D-z)}{a_2-1} \right] \\[3mm]
\text{EF段：} & \sigma_{x1} = k_a\left[m_7(H+D-z)^{a_2} + \dfrac{\gamma(H+D-z)}{a_2-1} \right] \\[3mm]
m_5 = \left[q - \dfrac{\gamma(H+D)}{a_2-1} \right](H+D)^{-a_2} \\[3mm]
m_6 = \left[m_5(h_s+h_0)^{a_2} + \dfrac{(\gamma-\gamma_D)(h_s+h_0)}{a_2-1} \right](h_s+h_0)^{-a_2} \\[3mm]
m_7 = \left[m_6 h_s^{\,a_2} + \dfrac{(\gamma_D-\gamma)h_s}{a_1-1} \right]h_s^{-a_2}
\end{cases}
\tag{2-45}
$$

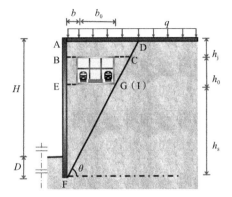

图 2-9　土体破坏模式四与模式五临界状态

当采用模式五计算方法时，将式（2-44）代入式（2-35），分别得到作用在围护结构上的土压力为：

$$
\begin{cases}
\text{AB段：} & \sigma_{x1} = k_a\left[m(H+D-z)^{a_2} + \dfrac{\gamma(H+D-z)}{a_2-1} \right] \\[3mm]
\text{BE段：} & \sigma_{x1} = k_a\left[m_8(H+D-z)^{a_2} + \dfrac{\gamma_{D1}(H+D-z)}{a_2-1} \right] \\[3mm]
\text{EF段：} & \sigma_{x1} = k_a\left[m_9(H+D-z)^{a_2} + \dfrac{\gamma(H+D-z)}{a_2-1} \right] \\[3mm]
m = \left[q - \dfrac{\gamma(H+D)}{a_2-1} \right](H+D)^{-a_2} \\[3mm]
m_8 = \left[m(h_0+h_s)^{a_2} + \dfrac{(\gamma-\gamma_{D1})(h_0+h_s)}{a_2-1} \right](h_0+h_s)^{-a_2} \\[3mm]
m_9 = \left[m_8 h_s^{\,a_2} + \dfrac{(\gamma_{D1}-\gamma)h_s}{a_1-1} \right]h_s^{-a_2}
\end{cases}
\tag{2-46}
$$

通过以上分析，有限土压力计算方法具有一致性。

2.3   方法合理性验证

2.3.1   算例分析

文献 [71] 已验证了破坏模式一的合理性。因此，后文不再验证模式一的合理性。

引用文献 [70] 中的经典算例。地面超载为 0kN/m，土体重度为 20kN/m³，黏聚力为 0kPa，内摩擦角为 30°，土体与既有地下结构摩擦角为 20°，基坑深度为 1m，嵌固深度为 0.2m，既有地下结构覆土深度为 0m，既有地下结构高度为 1.2m，分别选取近接距离为 0.1m、0.3m、0.5m 的情况。根据基坑与既有地下结构的空间位置关系，可知该算例中适用于本节土体破坏模式二的计算方法。分别采用朗肯理论、文献 [69] 方法、本节土体破坏模式二的方法得到的计算结果如图 2-10 所示。

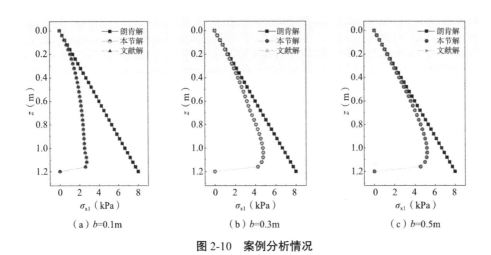

图 2-10   案例分析情况

由图 2-10 可知，本节方法、文献方法得到的土压力强度曲线均为非线性鼓形分布。土压力强度最大值点随近接距离的增大沿深度增加。其中本节方法与文献方法得到土压力强度曲线完全吻合，随深度先增大后下降，底部处趋于零。随着近接距离的增加，文献方法与本节方法的土压力强度分布曲线愈加接近。当近接距离达到半无限状态时，两种方法得到的土压力强度曲线完全重合。

以文献解为标准结果，选取近接距离为 0.1m 的情况，将朗肯理论、本节方法得到的计算结果与文献解进行误差分析，见表 2-1。

b=0.1m 三种方法计算结果误差分析（单位：kPa）   表 2-1

深度 z（m）	b=0.1m		
	文献解	本节解	朗肯解
0.2	1.06	1.06（0%）	1.33（26%）
0.4	1.71	1.71（0%）	2.67（56%）
0.6	2.11	2.11（0%）	4.00（90%）
0.8	2.35	2.35（0%）	5.33（127%）
1.0	2.50	2.50（0%）	6.67（167%）
1.2	0.00	0.00（0%）	8.00（∞）

以文献解为标准结果，选取近接距离为 0.3m 的情况，将朗肯理论、本节方法得到的计算结果与文献解进行误差分析，见表 2-2。

b=0.3m 三种方法计算结果误差分析（单位：kPa）   表 2-2

深度 z（m）	b=0.3m		
	文献解	本节解	朗肯解
0.2	1.23	1.23（0%）	1.33（8%）
0.4	2.28	2.28（0%）	2.67（17%）
0.6	3.17	3.17（0%）	4.00（26%）
0.8	4.08	4.08（0%）	5.33（31%）
1.0	4.75	4.75（0%）	6.67（40%）
1.2	0.00	0.00（0%）	8.00（∞）

以文献解为标准结果，选取近接距离为 0.5m 的情况，将朗肯理论、本节方法得到的计算结果与文献解进行误差分析，见表 2-3。

b=0.5m 三种方法计算结果误差分析（单位：kPa）   表 2-3

深度 z（m）	b=0.5m		
	文献解	本节解	朗肯解
0.2	1.27	1.27（0%）	1.33（5%）
0.4	2.46	2.46（0%）	2.67（9%）
0.6	3.61	3.61（0%）	4.00（11%）
0.8	4.59	4.59（0%）	5.33（16%）
1.0	5.19	5.19（0%）	6.67（29%）
1.2	0.00	0.00（0%）	8.00（∞）

注：案例计算结果以文献 [69] 解作为精确解，括号内为相对误差。

由表 2-1～表 2-3 可知，朗肯理论的误差随深度的增大而增大，当近接距离为 0.5m、深度在 0.4m 及以上时，误差在 10% 以内，可以忽略不计；当深度在 0.6m 及以下时，误差超过了 10%，朗肯理论的误差较大，不可忽略。

文献中经典算例没有考虑既有地下结构覆土的情况，实际工程中会经常遇到有覆土的既有地下结构，如地下管线、地铁车站等。本节提出两种方法的计算结果相对朗肯理论与文献方法更小，同时本节所提出的两种计算方法具有更强的普适性。

2.3.2 模型试验

利用本节提出的有限土压力计算方法与朗肯土压力计算方法分别计算课题组模型的理论解，将课题组模型试验结果、本节提出的有限土压力计算方法与朗肯土压力计算方法得到的土压力强度分布结果进行比较，如图 2-11 所示。

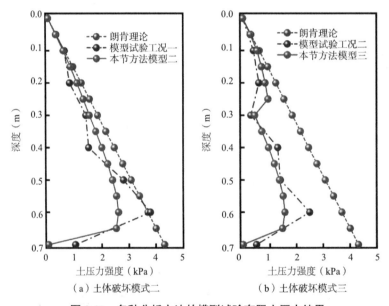

（a）土体破坏模式二   （b）土体破坏模式三

图 2-11   多种分析方法的模型试验有限土压力结果

根据参考文献 [70]，在缺少试验资料时，可取 $\delta_1=\delta_2=\varphi$。

由图 2-11（a）可知，本节方法模型二与模型试验工况一的土压力强度分布均呈非线性分布。土压力强度沿深度先逐渐增大后在距围护结构底部 1/7 高度处急剧削弱。

由图 2-11（b）可知，本节方法模型三与模型试验工况二的土压力强度分布均呈"B"形分布。土压力强度起初先逐渐增加，到达既有地下结构底板深度处由于上土条宽度小于下土条宽度，造成"应力释放"，使得附近土压力骤减，随后沿深度继续增加，在距围护桩底部 1/7 高度时，土压力达到峰值，然后再减小。与朗肯理论不同，在围护结构底部处土压力会发生减小，土压力强度并不是与深度呈简单的线性关系。

通过图 2-11（a）和图 2-11（b）对比来看，工况一（b=25cm）土压力明显大于工况二（b=10cm）土压力，说明随着近接距离的增大，土压力值也逐渐增大。整体来看，有限土压力与朗肯土压力在深度较小处差距很小，随着深度的增大逐步增大，围护结构底部处误差最大。

以试验结果为标准结果，选取近接距离为 0.1m 和 0.25m 的情况，将朗肯理论、本节方法得到的计算结果与试验结果进行误差分析，见表 2-4。

由表 2-4 可知，对于模型试验工况一和工况二，本节解相对朗肯理论与试验结果的误差更小，尤其是基坑围护结构底部更接近试验结果。

多种分析方法的模型结果误差分析（单位：kPa）　　　　表 2-4

深度 z（m）	工况一			工况二		
	模型试验	本节解	朗肯理论	模型试验	本节解	朗肯理论
0.1	0.6	0.6（0%）	0.6（0%）	0.4	0.5（25%）	0.6（50%）
0.2	0.8	1.1（38%）	1.2（50%）	0.6	0.8（33%）	1.2（100%）
0.3	1.4	1.5（7%）	1.9（36%）	0.3	0.4（33%）	1.9（533%）
0.4	1.5	2.0（33%）	2.5（67%）	1.3	1.0（−23%）	2.5（92%）
0.5	2.8	2.4（−14%）	3.1（11%）	1.4	1.4（0%）	3.1（121%）
0.6	3.8	2.6（−32%）	3.7（−3%）	2.5	1.6（−36%）	3.7（48%）
0.7	1.0	0.0（−100%）	4.3（330%）	0.5	0.0（−100%）	4.3（760%）

注：模型试验中，以试验结果作为精确解，括号内为相对误差。

2.4　研究结论

本章针对既有地下结构近接增建基坑情况，根据滑移面与既有地下结构位置关系，采用薄层微元法建立静力平衡微分方程，推导了土体多种破坏模式下产生的有限土体土压力，并结合已有研究情况与模型试验验证其合理性。通过以上研究，得到以下结论：

（1）基于既有地下结构与半无限土体滑移面的关系，提出 5 种土体破坏模式。土体破坏模式一为既有地下结构在基坑开挖影响区的外侧，即既有地下结构对滑移面没有影响；土体破坏模式二为滑移面与既有地下结构近基坑侧边墙相接；土体破坏模式三为滑移面与近基坑侧既有地下结构底板相接（即交点位于既有地下结构底板中点靠近新建基坑侧）；土体破坏模式四为滑移面与远基坑侧既有地下结构底板相接（即交点位于既有地下结构底板中点远离新建基坑侧）；土体破坏模式五为滑移面将既有地下结构包络住。

（2）随着近接距离增加，文献方法与本章方法的土压力强度分布曲线愈加接近。当近接距离达到半无限状态时，两种方法的土压力强度曲线完全重合。

（3）通过本章提出有限土体破坏模式一和模式二、模式二和模式三、模式四和模式五间的临界状态，验证了有限土压力计算方法的一致性。

（4）通过开展模型试验发现有限土压力强度分布呈曲线分布，在距围护结构底部1/7 高度时，土压力达到峰值，然后再减小。在围护结构底部处附近土压力发生了折减，本章方法相对朗肯理论能更好地体现这一点，更接近试验结果。

3

极限主动土压力参数敏感性分析

本章针对近接增建工程有限土压力参数影响分析展开了研究，根据第 2 章得到的有限土压力计算公式，以及各种土体破坏模式下的有限土压力分布曲线、土压力合力及其作用点，分别探究近接距离、覆土厚度、基坑深度、墙 - 土摩擦角对其的影响规律。

3.1　算例参数

为了研究 φ、δ、b、h_j 对土压力及其合力作用点的影响规律，给出一经典算例，其参数为：地面无超载，$\gamma=16.2\text{kN/m}^3$，$c=0\text{kPa}$，$\varphi=35°$，$\delta_1=\delta_2=20°$，$H=20\text{m}$，$D=10\text{m}$，$h_0=12.4\text{m}$，$b_0=21.2\text{m}$，在考虑相关参数影响时再另取值。

既有地下结构与基坑的空间位置关系如图 3-1 所示。

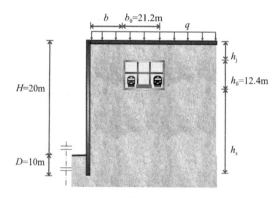

图 3-1　既有地下结构与基坑的空间位置关系

根据第 2 章相关理论公式，给出不同模型下土压力分布强度及土压力合力作用点的计算流程，详见图 3-2、图 3-3。

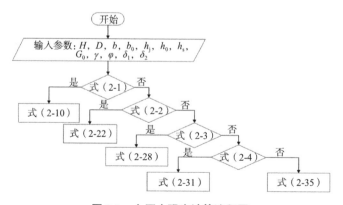

图 3-2　土压力强度计算流程图

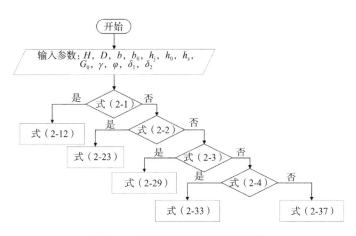

图 3-3 土压力的合力计算流程图

随后根据图 3-2、图 3-3 计算流程及公式展开计算，得到不同参数下各模型的土压力合力及合力作用点相对高度的计算结果。

3.2 近接距离

在其他参数不变的前提下，近接距离取为 5 种，分别为 1m、3m、6m、9m 和 12m，研究不同的近接距离对有限土压力强度分布及合力作用点的影响规律。以上 5 种近接距离下的有限土体破坏模式见表 3-1。

不同近接距离下的有限土体破坏模式   表 3-1

项目	基坑近接距离（m）				
	1	3	6	9	12
土体破坏模式	模式三	模式三	模式三	模式二	模式二

3.2.1 土压力分布

根据有限土压力计算公式得到有限土压力强度分布曲线，如图 3-4 所示。

由图 3-4 可知，随着近接距离的增大，土压力强度曲线由"B"形向"鼓"形变化，且随着近接距离的增大，影响效果越来越小。随着填土宽度的增大，主动土压力值逐渐增大，且增大幅度越来越小，逐渐接近朗肯理论。可见，随着近接距离的增加，既有地下结构对其"遮拦"作用越来越小。

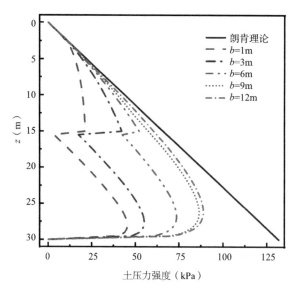

图 3-4　近接距离对土压力强度的影响

3.2.2　土压力合力

根据土压力合力及合力作用点的计算公式，分别得到近接距离对土压力合力及合力作用点的影响规律曲线如图 3-5 所示。

由图 3-5（a）可知，主动土压力合力是随着近接距离 b 的增加而增加的，随着近接距离的增加，且增速逐渐减缓。由图 3-5（b）可知，合力作用点的深度先增加后减小，最后趋于稳定。数值在 0.36～0.40 浮动，当近接距离为 3m 时，合力作用点的数值为最大，其值为 0.39。

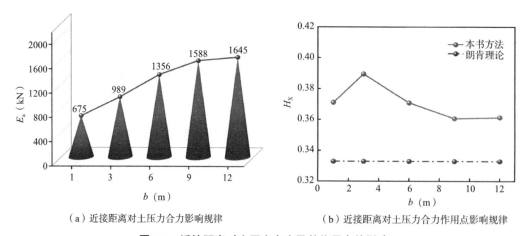

（a）近接距离对土压力合力影响规律　　　　　　（b）近接距离对土压力合力作用点影响规律

图 3-5　近接距离对土压力合力及其作用点的影响

3.3　既有地下结构覆土厚度

在其他参数不变的前提下，覆土厚度取为 5 种，分别为 1m、3m、5m、7m 和 9m，研究不同的既有地下结构覆土厚度对有限土压力强度分布及合力作用点的影响规律。以上 5 种既有地下结构覆土厚度下的有限土体破坏模式见表 3-2。

不同覆土厚度下的有限土体破坏模式　表 3-2

项目	既有地下结构覆土厚度（m）				
	1	3	5	7	9
土体破坏模式	模式三	模式三	模式三	模式二	模式二

3.3.1　土压力分布

根据有限土压力计算公式得到有限土压力强度分布曲线，如图 3-6 所示。

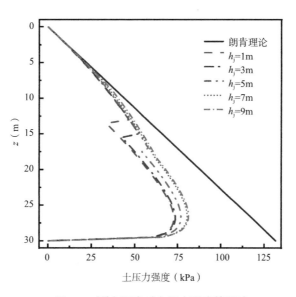

图 3-6　覆土厚度对土压力强度的影响

由图 3-6 可知，随着覆土厚度的增加，土压力强度曲线由"B"形向"鼓"形变化，同时底板相对位置的土压力折减减弱。随着覆土厚度的增加，折减效果在减弱。虽然覆土厚度增加，但是围护结构深度 $H+D$ 没有改变，土体潜在滑移倾角 θ 没有改变，故滑移土体的面积变化不大。

3.3.2　土压力合力

根据土压力合力及合力作用点的计算公式，分别得到既有地下结构覆土厚度对土压力合力及合力作用点的影响规律曲线如图 3-7 所示。

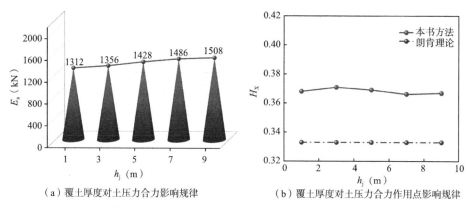

（a）覆土厚度对土压力合力影响规律　　　　（b）覆土厚度对土压力合力作用点影响规律

图 3-7　覆土厚度对土压力合力及其作用点的影响

由图 3-7（a）可知，主动土压力合力是随着覆土厚度 h_j 的增加而增加的，但是增加的效果不够明显。由图 3-7（b）可知，随着覆土厚度的增加，合力作用点的位置先增加后减小，最后趋于稳定，数值上变化很小。整体数值皆大于 1/3，数值在 0.36 ~ 0.38 浮动，覆土厚度相对近接距离对合力作用点的影响更小。

3.4　新建基坑深度

本节通过改变基坑深度，控制插入比为 2∶1，基坑深度取为 5 种，分别为 12m、16m、20m、24m 和 28m，嵌固深度分别为 6m、8m、10m、12m 和 14m，其余参数取值如第 2 章所述，以上 5 种新建基坑深度下的有限土体破坏模式见表 3-3。

不同新建基坑深度下的有限土体破坏模式　　　　　表 3-3

项目	新建基坑深度（m）				
	12	16	20	24	28
土体破坏模式	模式二	模式二	模式三	模式三	模式三

3.4.1　土压力分布

根据有限土压力计算公式得到有限土压力强度分布曲线，如图 3-8 所示，研究不同的基坑深度对有限土压力强度的影响。

由图 3-8 可知，随着基坑深度的增加，土压力强度曲线由"鼓"形向"B"形变化，而且增加的效果明显。因为基坑深度逐渐增加，土压力的数值随着滑移土体的面积增加而增大。

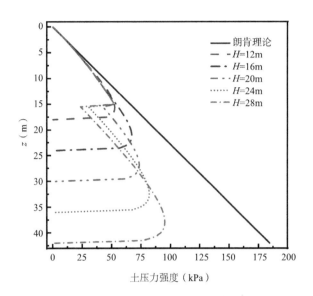

图 3-8　基坑深度对土压力强度的影响

3.4.2　土压力合力

根据土压力合力及合力作用点的计算公式，分别得到新建基坑深度对土压力合力及合力作用点的影响规律曲线如图 3-9 所示。

由图 3-9（a）可知，随着基坑深度的增加，土压力合力增长得很快。由图 3-9（b）可知，随着基坑深度的增加，合力作用点的深度先增加后减小，数值上变化很小。整

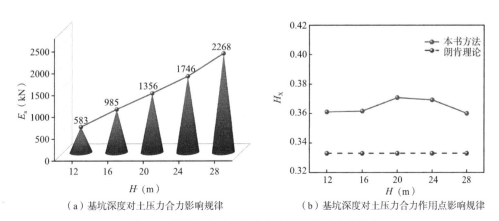

（a）基坑深度对土压力合力影响规律　　　　（b）基坑深度对土压力合力作用点影响规律

图 3-9　基坑深度对土压力合力及其作用点的影响

体数值在 0.36 ~ 0.38 浮动，基坑深度相对近接距离对合力作用点的影响更小。

3.5　墙 – 土摩擦角

在其他参数不变的前提下，墙 - 土摩擦角取为 5 种，分别为 10°、15°、20°、25° 和 30°，研究不同的墙 - 土摩擦角对有限土压力强度的影响。以上 5 种墙 - 土摩擦角下的有限土体破坏模式见表 3-4。

不同墙 - 土摩擦角下的有限土体破坏模式　　　　　表 3-4

项目	墙 - 土摩擦角（°）				
	10	15	20	25	30
土体破坏模式	模式三	模式三	模式三	模式三	模式三

3.5.1　土压力分布

根据有限土压力计算公式得到有限土压力强度分布曲线，如图 3-10 所示。

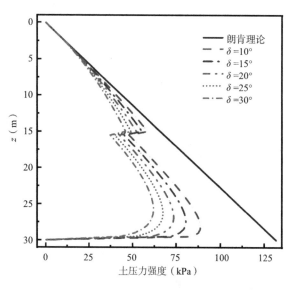

图 3-10　墙 - 土摩擦角对土压力强度的影响

由图 3-10 可知，随着墙 - 土摩擦角的增加，土压力强度曲线形状并没有变化，随着深度的增加，各土压力强度曲线间距增大。墙 - 土摩擦角的增大导致墙 - 土界面摩擦力增大，墙 - 土界面摩擦力降低了土压力。

3.5.2　土压力合力

根据土压力合力及合力作用点的计算公式，分别得到墙 - 土摩擦角对土压力合力及合力作用点的影响规律曲线如图 3-11 所示。

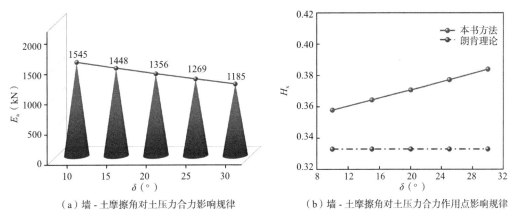

（a）墙 - 土摩擦角对土压力合力影响规律　　　（b）墙 - 土摩擦角对土压力合力作用点影响规律

图 3-11　墙 - 土摩擦角对土压力合力及其作用点的影响

由图 3-11 可知，主动土压力合力是随着墙土摩擦角 δ 的增加而减小的，合力作用点相对高度 H_x 会随着墙 - 土摩擦角 δ 的增加而增加。增长速率也近乎线性，同时数值上差距很小，而且当 $\delta=0$ 时，$H_x=1/3$，与朗肯理论解一致。并且这种合力作用点随 δ 增大而增大的趋势与文献 [70] 是一致的。文献 [69] 和文献 [72] 分别通过有限元和模型试验的方法验证了有限土体在平动模式下合力作用点相对高度大于等于 1/3。

3.6　研究结论

本章开展了土压力合力及其作用点参数敏感性分析，通过控制变量法研究了近接距离、覆土厚度、基坑深度、墙 - 土摩擦角参数对土压力及其合力作用点的影响规律。通过研究，得到以下结论：

（1）随着近接距离和覆土厚度的增加、基坑深度的减小，土体破坏模式由模式二变化到了模式三。土压力强度曲线由 "B" 形向非线性 "鼓" 形变化。墙 - 土摩擦角的改变不会影响破坏模式和土压力强度曲线形状。

（2）有限土压力合力随近接距离、基坑深度和覆土厚度的增加而增加，随墙 - 土摩擦角的增加而减小。其中，覆土厚度对土压力的影响最弱。

（3）有限土压力的合力作用点位置高于等于距墙底 1/3 墙高处，覆土厚度相对近接距离对合力作用点的影响较小。墙 - 土摩擦角对合力作用点的高度影响较大。随着墙 - 土摩擦角的增加，作用点的高度近乎线性增加。当墙 - 土摩擦角为 0 时，合力作用点位于距墙底 1/3 墙高处。

（4）当既有地下结构距基坑水平距离较大时，围护结构受到的土压力合力随着覆土厚度增加而增大。当既有地下结构距基坑水平距离较小时，围护结构受到的土压力合力随着覆土厚度增加，先减小后增大。

（5）当基坑深度很大时且近接距离和覆土厚度很小时，此时对应模式四和模式五的情况，土压力突然增大。

（6）当土压力的合力较小时，内摩擦角对等值曲线影响特别微弱。随着合力的增大，影响也越来越强。相较于内摩擦角，墙 - 土摩擦角对土压力合力等值图的影响较小。随着界面摩擦角的减小，等值线发生类似向左的移动。

4

非极限主动土压力分布规律试验研究

随着城市建设的发展，很多基坑均建设在既有地下结构旁边，新建基坑与既有地下结构间的土体是有限的，采用经典理论计算的土压力往往与实际有些差别。同时，城市地下工程常以位移控制为标准，此时的土压力为非极限状态。本章针对既有地下结构领域内新建基坑情况，采用模型试验方法，探究有限土体土压力与墙体位移的关系，分析近接距离、既有地下结构覆土厚度对非极限土压力的影响规律。

4.1　模型试验概况

基于可视化模型箱，建立移动挡墙控制系统与监测系统，搭建模型试验平台，对不同试验工况下的试验结果进行分析验证。

4.2　模型试验平台

模型试验平台主要涉及试验模型箱、移动挡墙位移控制系统、监测系统。

4.2.1　试验模型箱

试验模型箱尺寸为 1500mm（长）×740mm（宽）×1200mm（高），模型箱由厚度为 15mm 的钢制框架以及厚度为 20mm 的透明钢化玻璃板组成，透明钢化玻璃板安装在模型箱的四周，左和右侧面作为观察窗，内侧接缝处采用玻璃胶与钢制框架进行粘结，如图 4-1 所示。

（a）正视图　　　　　　　　　　　　　（b）侧视图

图 4-1　试验模型箱的正视图和侧视图

右侧移动挡墙由厚度 10mm 的钢板制作而成，模拟实际工程中的基坑支护墙或围护结构。移动挡墙尺寸为 740mm（宽）×1000mm（高）×20mm（厚），填土高 1000mm。围护结构两侧贴上两层塑料薄膜并涂抹凡士林，并对模型箱内部与钢化玻璃间的缝隙进行密封处理。

4.2.2　移动挡墙位移控制系统

在移动挡墙外侧布置 4 根 ϕ20mm 螺杆，通过焊接在模型箱右侧反力架上的螺栓固定螺杆，保证螺杆水平转动。试验过程中，使用扳手缓慢转动螺杆推动挡墙移动，为准确控制移动挡墙的实际位移，在移动挡墙外侧通过万向大表座安装 4 个千分表，4 个千分表中 2 个处于同一水平面，位于移动挡墙上侧，另外 2 个处于同一水平面，位于移动挡墙下侧，精度为 0.001mm，量程为 30mm，在保证 4 个千分表读数一致的基础上控制挡墙平行移动，如图 4-2 所示。

（a）移动挡墙移动装置　　　　　　　　（b）千分表安装布置

图 4-2　移动挡墙位移控制系统

4.2.3　监测系统

试验采用 DH3816 静态应变采集仪，使用应变仪测量时的接线方式为全桥，应变仪的输入阻抗设置为 350Ω，应变片灵敏度系数设置为 2.0，如图 4-3 所示。

图 4-3　应变采集系统

4.3　相似材料选取

4.3.1　地层

针对模型试验中采用的土体，不同的颗粒级配会改变土体的物理力学性质。因此，模型土颗粒的粒径难以按照几何相似比缩小，无法满足严格的几何相似。对于这种由土体颗粒尺寸造成的缩尺效应，有许多学者进行了研究。Fioravante[73]进行了砂中钻孔灌注桩的离心试验，通过开展 4 组不同桩径 B 与砂特征粒径 d_{50} 比值的圆桩试验，验证了当 B/d_{50} 的值大于某临界值时可以忽略土颗粒的缩尺效应，且认为 B/d_{50} 临界值取 40 ~ 50 较为适宜。同样，在开展缩尺模型试验时，只要能够保证尺寸大于土体特征粒径 d_{50} 的一定倍数时，可以忽略土颗粒尺寸不缩小的影响，近似地认为模型满足几何相似。

在本章试验中，选择干细砂作为土体材料，其特征粒径 d_{50} 约为 0.4mm，模型试验中刚性围护结构厚度为 20mm，满足上述比例，因此可以忽略土颗粒缩尺效应对试验结果的影响。

试验所使用的填料为自然风干状态下的干细砂，如图 4-4（a）所示。通过筛分试验得到了试验干细砂的粒径级配累计曲线，如图 4-4（b）所示。

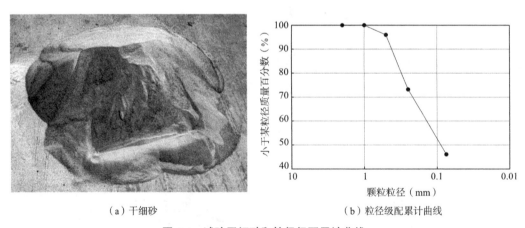

（a）干细砂　　　　　　　　（b）粒径级配累计曲线

图 4-4　试验干细砂和粒径级配累计曲线

通过筛分试验得到试验干细砂的粒径级配，见表 4-1。干细砂的物理参数见表 4-2。模型试验所填筑的干细砂密度为 1.51g/cm³。根据快速直剪试验，可得到干细砂的内摩擦角为 30°，黏聚力为 0kPa。

试验干细砂的粒径级配	表 4-1
粒径（mm）	占比（%）
> 1	0
0.5 ~ 1	4.0
0.25 ~ 0.5	22.8
0.075 ~ 0.25	27.1
< 0.075	46.1

干细砂的物理参数		表 4-2
密度 ρ（g·cm^{-3}）	内摩擦角 φ（°）	黏聚力 c（kPa）
1.51	30	0

4.3.2　既有地下结构

既有地下结构由有机玻璃板制成，尺寸为 330mm（宽）×216mm（高），纵向长度为 740mm。顶板和底板厚度为 8mm，侧墙厚度为 6mm，中板厚度为 4mm，中柱为宽 10mm 的方形柱，如图 4-5 所示。

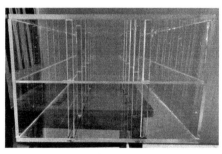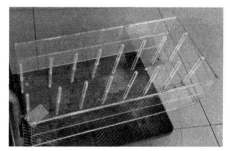

（a）正视图　　　　　　　　　　　（b）俯视图

图 4-5　既有地下结构的正视图和俯视图

4.4　数据采集方案

试验设计不同工况，选用电阻式微型土压力盒、DH3816 静态应变采集仪进行数据采集。

4.4.1　测点布置

采用一组共 10 个电阻式微型土压力盒埋设于移动挡墙上，量程为 200kPa，尺寸为 ϕ16mm×8mm，土压力盒通过热熔胶粘贴在移动挡墙上。在移动挡墙的中线区布置 10 个土压力盒，每个土压力之间的竖向间距为 100mm，最上侧的土压力盒距离挡墙顶端 50mm，10 个电阻式微型土压力盒对应的编号为 P1 ～ P10，具体布置如图 4-6 所示。

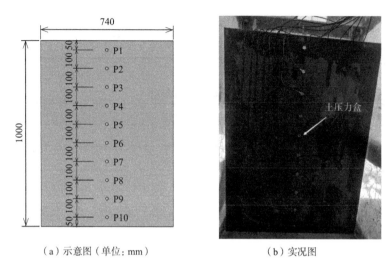

（a）示意图（单位：mm）   （b）实况图

图 4-6   土压力盒埋置位置图

4.4.2   监测频率

移动挡墙每移动 0.5mm，DH3816 静态应变采集仪采集一次土压力盒应变数据。

4.5   工况设置

针对干细砂开展了 8 组试验，每组试验开始前改变既有地下结构的近接距离 b 和覆土厚度 h_j，具体试验工况见表 4-3。8 组试验完成后，开展半无限土体的试验，依据马平等[74]提出围护结构后半无限土体与有限土体的界限为 $H_r/b_r=\tan（45°+\varphi/2）$。其中，$H_r$ 为挡墙高度，b_r 为移动挡墙后填土宽度。当 $H_r/b_r \leqslant \tan（45°+\varphi/2）$ 时，墙后为半无限土体。此次试验中移动挡墙后的半无限土体与有限土体的界限为 $b_r=H_r/\tan（45°+\varphi/2）=1000/\tan（45°+30°/2）=577mm$，而此次半无限土体试验中的填土宽度为 1200mm ＞ 577mm，满足理论计算要求。

对工况二和工况八进行试验对比，探究有无既有地下结构对非极限土压力分布的影响规律。对工况一、二、三和工况四进行试验对比，探究近接距离对非极限土压力分布的影响规律。对工况二、五、六和工况七进行试验对比，探究既有地下结构覆土厚度对非极限土压力分布的影响规律。

试验工况　　　　　　　　　　　　　　　　　　　　　表 4-3

工况	既有地下结构近接距离 b（mm）	既有地下结构覆土厚度 h_j（mm）	备注
工况一	150	100	有既有地下结构
工况二	250	100	标准工况
工况三	350	100	有既有地下结构
工况四	450	100	有既有地下结构
工况五	250	200	有既有地下结构
工况六	250	300	有既有地下结构
工况七	250	400	有既有地下结构
工况八	—	—	无既有地下结构

4.6　试验步骤

具体的试验步骤如下：

（1）试验开始前，将移动挡墙移动到初始位置并调节垂直方向，检查每个千分表是否正常工作并清零。

（2）按每层 50mm 厚度分层填筑干细砂，按密度 1.51g/cm³ 控制每层所需的干细砂质量，填筑并夯实至目标高度，同时按照表 4-3 的试验工况设计，将既有地下结构埋置到设计的预定位置。

（3）填筑好的土体静置 24h 后测定静止土压力，随后转动螺杆控制移动挡墙平行移动。

（4）移动挡墙每移动 0.5mm，DH3816 静态应变采集仪采集一次土压力盒应变数据。

（5）直至土压力盒数据变化很小或者基本不变时，DH3816 静态应变采集仪停止采集数据。

（6）重复以上试验步骤，直至 8 组试验完成。

4.7　试验结果合理性分析

4.7.1　试验结果

1. 土压力与位移关系

8 组工况移动挡墙上实测水平土压力 σ_{xw} 与 γH_r 的比值随移动挡墙相对位移 s/H_r 的变化曲线如图 4-7 所示，s 是移动挡墙从初始位置（静止土压力状态）远离土体的累计位移值，H_r 为移动挡墙高度。

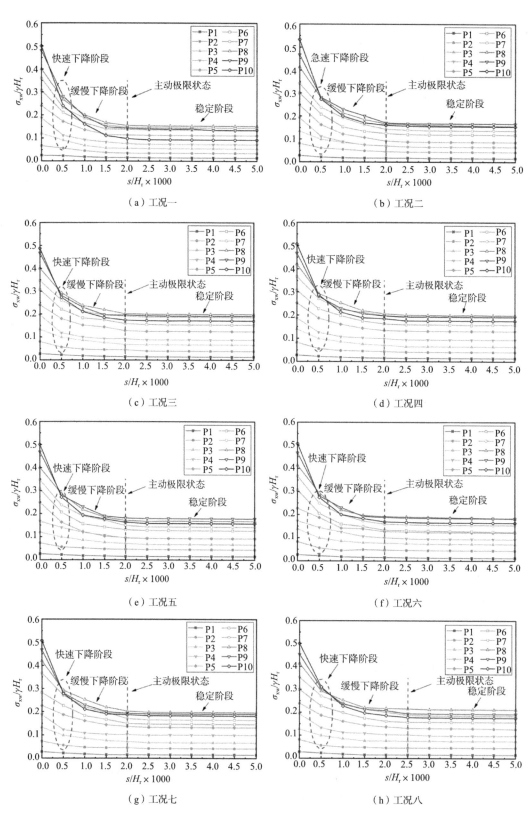

图 4-7　水平土压力随墙体位移的变化曲线

由图 4-7 可知，移动挡墙上各深度实测的水平土压力总体上随着移动挡墙相对位移的增加先急剧减小，之后减速逐渐放缓，最后趋于稳定。

伴随移动挡墙相对位移的增大，土压力变化趋势包括三个阶段，分别是快速下降阶段、缓慢下降阶段和稳定阶段。其中，缓慢下降阶段与稳定阶段的分界线可以看作是土体极限状态。由图 4-7 可知，工况二、六和八试验达到极限状态所需要的位移为 $0.2\%H_r$（2mm）、$0.2\%H_r$（2mm）和 $0.25\%H_r$（2.5mm）。所有工况的主动极限状态对应的位移值见表 4-4。

2. 土压力分布规律

8 组不同工况试验和半无限土体试验各级位移下移动挡墙上的水平土压力沿移动挡墙深度分布曲线如图 4-8 所示。为了对比分析，静止土压力 Jaky 理论[75] 和极限主动土压力朗肯理论计算结果也在图 4-8 中表示。图 4-8 中的横坐标为移动挡墙的实测水平土压力 σ_{xw} 与 γH_r 的比值，纵坐标为挡墙深度 z_r 与移动挡墙高度 H_r 的比值。由表 4-4 可知，在相对位移 s/H_r 达到约 2.5‰（位移为 2.5mm）时，8 组试验移动挡墙上土压力均趋于稳定，因此在图 4-8 中的相对位移 s/H_r 最大值取到 2.5‰。

根据图 4-8 可得到以下结论：

（1）半无限土体和有限土体的静止土压力实测值整体上略大于 Jaky 理论值，挡墙上部实测值与 Jaky 理论值较为接近，中下部实测值比 Jaky 理论值偏大。

（2）半无限土体和有限土体的非极限主动土压力沿挡墙深度呈非线性分布。有限土体非极限主动土压力沿挡墙深度先增大，在既有地下结构底板深度时骤减，随后沿挡墙深度继续增加，达到最大值后再减小。

（3）半无限土体和有限土体的极限主动土压力实测值小于朗肯主动土压力理论值。有限土体极限主动土压力实测值与文献 [76] 沿挡墙深度分布的试验结果总体上变化趋势较为一致，而有限土体极限主动土压力实测值与芮瑞等[76] 的试验结果在既有地下结构底板附近的变化趋势有所差异。

主动极限状态对应的位移值			表 4-4
工况	H_r（mm）	s（mm）	$s/H_r \times 1000$
工况一	1000	2	2
工况二	1000	2	2
工况三	1000	2	2
工况四	1000	2	2
工况五	1000	2	2
工况六	1000	2	2
工况七	1000	2	2
工况八	1000	2.5	2.5

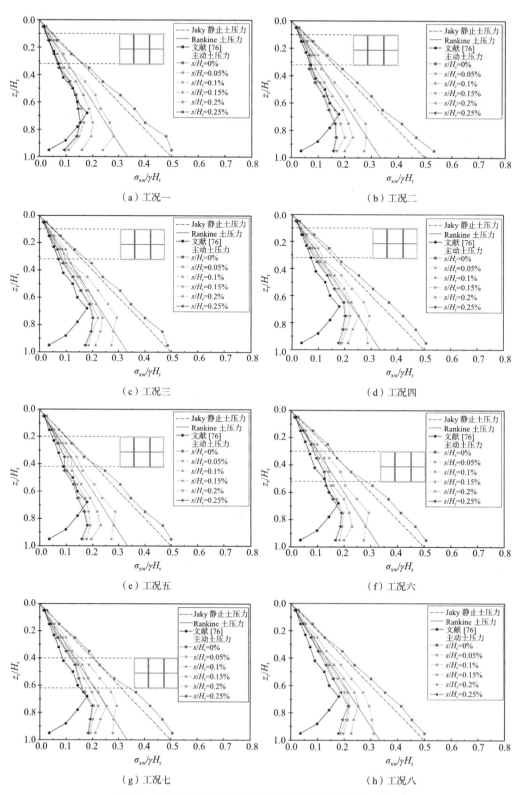

图 4-8   各级位移下移动挡墙水平土压力沿深度的分布曲线

4.7.2　与极限土压力理论方法对比分析

8组不同工况模型试验的极限主动土压力与文献 [77] 提出的极限主动土压力理论值进行对比，如图 4-9 所示。图中的横坐标为移动挡墙的实测水平土压力 σ_{xw} 与 γH_r 的比值，纵坐标为挡墙深度 z_r 与移动挡墙高度 H_r 的比值，直线参考线是朗肯主动土压力理论值。

由图 4-9 可得到以下结论：

（1）模型试验的极限主动土压力值与文献 [77] 提出的极限主动土压力理论值的误差满足 10% 以内，证明了模型试验的有效性和准确性。

（2）随着围护结构深度的增加，模型试验的极限主动土压力值与文献 [77] 提出的极限主动土压力理论值的误差逐渐增大，底部的土压力值误差最大，但满足 10% 左右。

（3）数值模拟的极限主动土压力值与文献 [77] 提出的极限主动土压力理论值均是非线性分布，土压力沿着围护结构深度是先增加后减小。二者的极限土压力均沿挡墙深度先增大，在既有地下结构底板深度时骤减，随后沿挡墙深度继续增加，达到一定最大值后再减小。

4.7.3　与数值模拟计算结果对比分析

本节采用数值模拟方法，基于模型试验的研究，采用有限元软件建立相应的数值计算模型，验证模型试验的合理性。

1. 模型建立

1）模型尺寸和边界条件

试验模型箱的尺寸为 1500mm（长）×740mm（宽）×1200m（高），为便于分析围护结构侧向土压力和土体变形情况，建立近接工程非极限土压力二维数值有限元模型，建模尺寸如图 4-10 所示。

有限元模型与模型试验尺寸一致，图中围护结构高度为 1000mm，土体宽度为 1200mm，b 为基坑近接既有地下结构有限土体宽度（近接距离），b_0 为既有地下结构宽度，h_j 为覆土厚度，h_0 为既有地下结构高度，h_s 为围护结构底部与既有地下结构底板的距离。其中，b_0 取值为 330mm，h_0 取值为 216mm。模型的两侧边界约束水平向位移（x 方向），底部边界约束竖向和水平向位移（y 和 x 方向）。有限元数值模型计算工况与模型试验的设计工况一致，见表 4-3。

2）土体和结构本构模型及参数选取

土体选用的是摩尔库伦本构模型，此模型的关键参数是内摩擦角 φ 值、黏聚力 c 值和剪胀角 ψ 值。摩尔库伦本构模型的参数取值通过干细砂的快速直剪试验、固结试

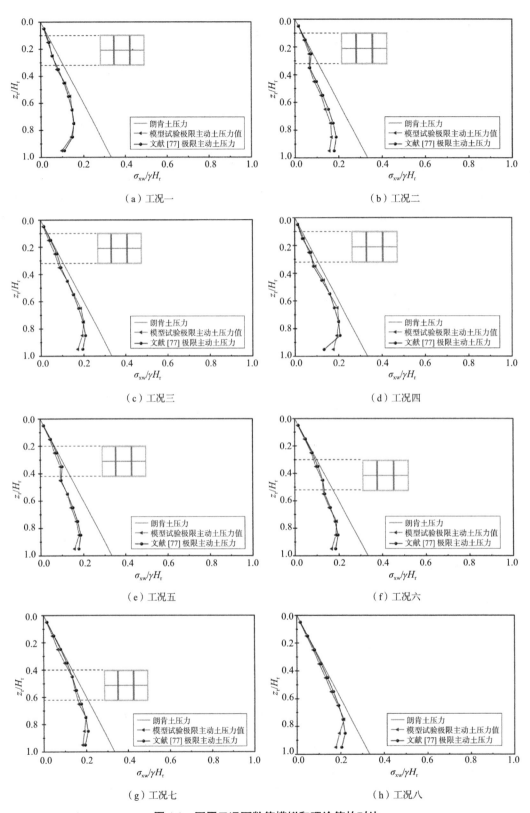

（a）工况一　　　　　　　　　　　（b）工况二

（c）工况三　　　　　　　　　　　（d）工况四

（e）工况五　　　　　　　　　　　（f）工况六

（g）工况七　　　　　　　　　　　（h）工况八

图 4-9　不同工况下数值模拟和理论值的对比

验和密度测试试验确定，剪胀角通过数值模拟的建模经验取值，模型参数见表4-5。

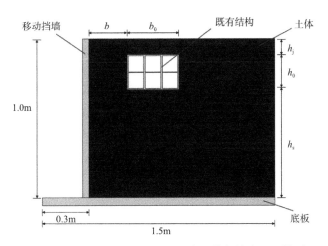

图 4-10 近接工程非极限土压力二维数值有限元模型

土体本构模型参数取值 表 4-5

密度 ρ（g·cm^{-3}）	内摩擦角 φ（°）	黏聚力 c（kPa）	弹性模量 E（MPa）	泊松比	剪胀角 ψ（°）
1.51	30	1.5	30	0.43	0.1

土体、移动挡墙、底板和既有地下结构均采用二维变形构建模块，类型选择实体单元，通过接触设置来模拟土体与移动挡墙、底板和既有地下结构之间的相互作用。围护结构、底板和既有地下结构通过模型试验实际取值来确定数值模拟的参数取值，参数取值见表4-6。

围护结构、底板和既有地下结构参数取值 表 4-6

项目	密度 ρ（g·cm^{-3}）	弹性模量 E（MPa）	泊松比
围护结构	2.5	206000	0.25
底板	2.5	206000	0.25
既有地下结构	1.2	3000	0.32

3）网格设置

土体的网格形状主要使用四边形单元，但在过渡区域允许出现三角形单元。网格单元选取二维平面应变，网格种子布置为0.05。底板单元数量为30个，移动挡墙单元数量为20个，既有地下结构单元数量为182个，土体单元数量为452个，网格划分如图4-11所示。

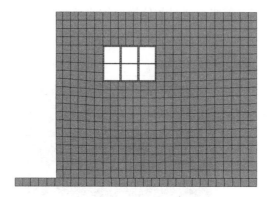

图 4-11 网格划分

4）移动挡墙的位移控制

移动挡墙的位移控制通过设置分析步和改变边界条件来实现，见表 4-7。

移动挡墙的位移控制 表 4-7

分析步名称	移动挡墙位移（mm）
g1	0
m1	0.01
m2	0.1
m3	0.3
m4	0.5
m5	1.0
m6	1.5
m7	2.0
m8	2.5
m9	3.0

5）接触设置

土体与移动挡墙、底板和既有地下结构之间的相互作用通过设置接触来实现。土体与移动挡墙、既有地下结构接触设置中的法向选取"竖向接触"形式，切向选取"罚函数"形式，即摩擦系数取 $\tan(2/3\varphi)$，其中 φ 为土体的内摩擦角。土体与底板接触设置中的法向选取"竖向接触"形式，切向选取"罚函数"形式，考虑底板模拟模型箱底部，底部较为光滑，因此摩擦系数取 0.01。

2. 数值模拟结果分析

1）极限状态位移

通过 8 组不同工况下的数值模拟得到移动挡墙后土体达到极限状态的塑性应变如图 4-12 所示。

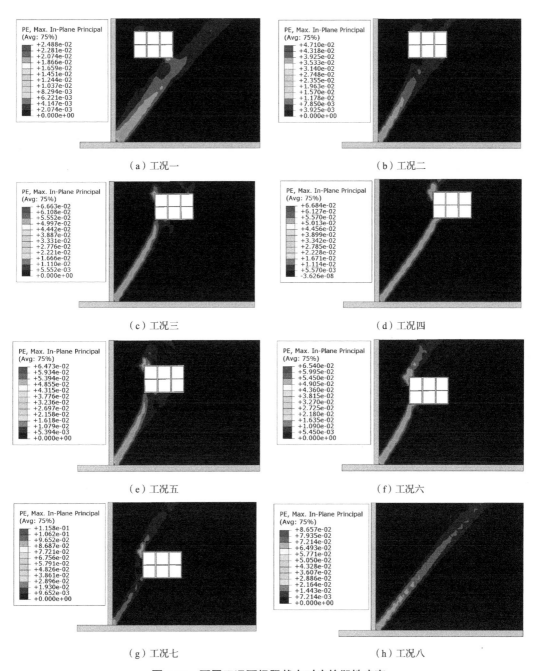

（a）工况一　　　　　　　　　　　（b）工况二

（c）工况三　　　　　　　　　　　（d）工况四

（e）工况五　　　　　　　　　　　（f）工况六

（g）工况七　　　　　　　　　　　（h）工况八

图 4-12　不同工况下极限状态对应的塑性应变

由图 4-12 可得到以下结论：

（1）既有地下结构的存在会影响围护结构后土体的塑性应变形状，主动极限状态下的塑性应变均会抵达土体最上端。

（2）随着既有地下结构近接距离的不断增大，土体的塑性应变由既有地下结构右侧、底板和左侧壁穿过，这与文献 [77] 假设的滑移面形状较为一致。

（3）随着既有地下结构覆土厚度的不断增大，土体的塑性应变不断下移并从既有地下结构左侧穿过，这与文献 [77] 假设的滑移面形状较为相近。

数值模拟达到极限状态的判断依据是随着分析步的增加，围护结构的位移不断增加，直到土体无法收敛而达到极限破坏。在此过程中，需要不断去尝试极限破坏状态所需要的位移大小，多次提交计算结果，最后提取出能够满足土体最后收敛的位移大小，随后给出所有工况主动极限状态对应的位移值，见表4-8。表中，s 是移动挡墙从初始位置（静止土压力状态）远离土体的累计位移值，H_r 为移动挡墙高度。

数值模拟达到主动极限状态对应的位移值　　　　　　　　　　表 4-8

工况	H_r（mm）	s（mm）	$s/H_r \times 1000$
工况一	1000	2	2
工况二	1000	2	2
工况三	1000	2	2
工况四	1000	2	2
工况五	1000	2	2
工况六	1000	2	2
工况七	1000	2	2
工况八	1000	2.5	2.5

由表4-8对比可知，数值模拟达到主动极限状态所需位移值与模型试验极限状态位移值较为一致，证明了数值模拟的准确性。

2）土压力分布规律

8组不同工况数值模拟的各级位移下移动挡墙上的水平土压力沿移动挡墙深度分布曲线如图4-13所示。图中的横坐标为移动挡墙的实测水平土压力 σ_{xw} 与 γH_r 的比值，纵坐标为挡墙深度 z_r 与移动挡墙高度 H_r 的比值。

由图4-13可得到以下结论：

（1）半无限土体和有限土体的静止土压力数值模拟值整体上大于Jaky理论值，挡墙中上部数值模拟值略大于Jaky理论值，下部数值模拟值比Jaky理论值偏大，底部差值较大。随着既有地下结构覆土厚度的增加，既有地下结构附近的静止土压力有减小的趋势。

（2）半无限土体和有限土体的非极限主动土压力沿挡墙深度呈非线性分布。有限土体非极限主动土压力沿挡墙深度先增大，在既有地下结构底板深度时减小，随后沿挡墙深度继续增加，达到最大值后减小。

（3）半无限土体和有限土体的极限主动土压力数值模拟值小于或者接近朗肯主动

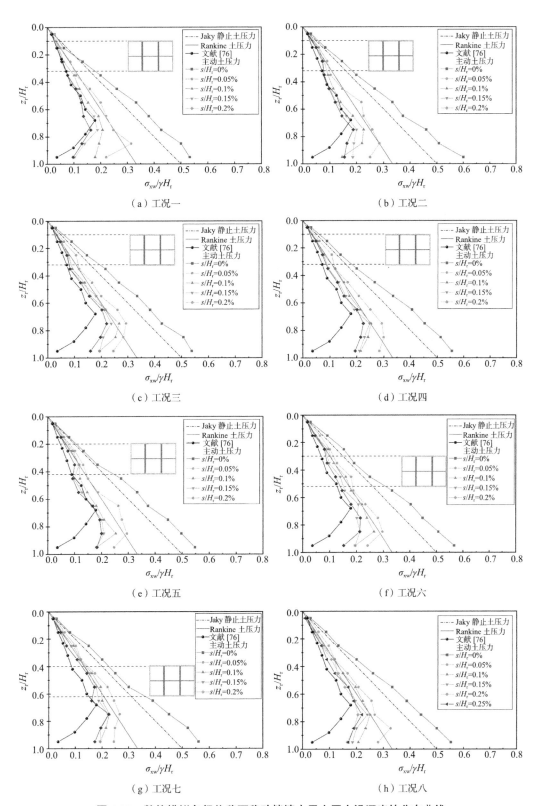

图 4-13 数值模拟各级位移下移动挡墙水平土压力沿深度的分布曲线

土压力理论值。有限土体极限主动土压力数值模拟值与芮瑞等[76]试验结果沿挡墙深度分布总体上变化趋势较为相近，但数值偏大；而有限土体极限主动土压力数值模拟值与芮瑞等[76]试验结果在既有地下结构底板附近的变化趋势有所差异。

3. 与模型试验对比分析

将数值模拟得到的土压力值与模型试验结果进行对比，如图4-14所示，图中的横坐标为移动挡墙的实测水平土压力 σ_{xw} 与 γH_r 的比值，纵坐标为挡墙深度 z_r 与移动挡墙高度 H_r 的比值，阴影部分是数模模拟值和模型试验值之间的误差，颜色的宽度代表了差值的大小。

由图4-14可得到以下结论：

（1）数值模拟的土压力值与模型试验的土压力值误差均在10%以内，证明了模型试验的有效性。随着围护结构深度的增加，数值模拟的土压力值与模型试验的土压力值的误差也逐渐增大。

（2）数值模拟中的静止土压力与模型试验的静止土压力值相差较大，图中的误差带比较宽，但都满足10%的误差。数值模拟中的非极限土压力与模型试验的非极限土压力值相差不大，满足5%左右的误差。数值模拟中的极限土压力与模型试验的极限土压力值相差很小，误差带比较窄，满足5%以内的误差。

（3）数值模拟中的非极限土压力沿挡墙深度呈非线性分布。有限土体非极限主动土压力沿挡墙深度先增大，在既有地下结构底板深度时骤减，随后沿挡墙深度增加，达到最大值后再减小。以上现象与模型试验的规律一致。

4.8 研究结论

本章针对既有地下结构领域内新建基坑的情况，根据基坑与既有地下结构位置关系，开展了8组平动模式下移动挡墙上主动土压力分布的试验研究，研究了近接工程土体达到极限状态的位移，分析了有限土体非极限土压力与位移之间的关系。得到的主要结论有：

（1）非极限主动土压力沿挡墙深度呈非线性分布，有限土体非极限主动土压力沿挡墙深度呈现先增加后在既有地下结构底板附近减小，再增加后减小。不同工况下土体达到极限状态所需要的位移大小有所差异，工况一达到极限状态所需的位移是最小的（$s=2mm$），工况八达到极限状态所需的位移是最大的（$s=2.5mm$），其他工况达到极限状态的位移较为接近（$s=2mm$）。

（2）既有地下结构的存在对挡墙静止土压力数值影响较小，半无限土体非极限主

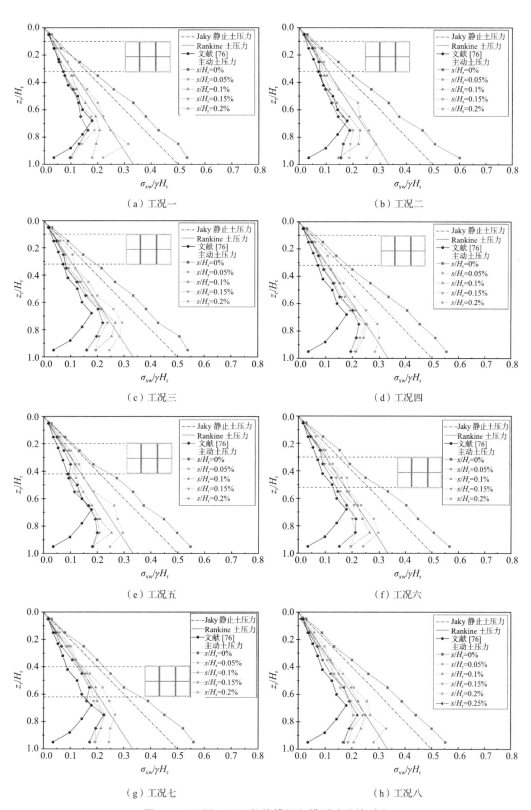

图 4-14　不同工况下数值模拟和模型试验的对比

动土压力和极限主动土压力总体上大于有既有地下结构存在时的有限土体非极限主动土压力和极限主动土压力。

（3）半无限土体和有限土体的非极限主动土压力沿挡墙深度呈非线性分布。有限土体非极限主动土压力沿挡墙深度先增大，在既有地下结构底板深度时骤减，随后继续沿挡墙深度继续增加，达到最大值后再减小。

5

非极限主动土压力理论计算方法研究

本章主要提出了考虑基坑围护结构侧向位移的非极限主动土压力公式和非极限主动土压力合力公式，对比了理论方法与模型试验的计算结果，证明了计算方法的合理性，分析了近接距离、既有地下结构覆土厚度、土体内摩擦角和基坑深度对非极限主动土压力分布和合力的影响规律。

5.1   理论方法提出

由前文研究可知，土压力随围护结构位移 s 的增加而减小，具体关系如下：围护结构静止时，为静止土压力 p_0；围护结构位移达到 s_a（到达土体主动极限状态所需位移）时，为极限主动土压力 p_a。土压力与围护结构位移 s 的关系如图 5-1 所示。

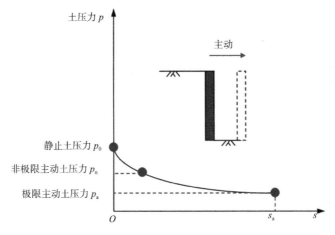

图 5-1   土压力与围护结构位移的关系

由图 5-1 可建立如下关系：

$$p_n = p_0 + k_n (p_a - p_0) \tag{5-1}$$

式中，p_n 为非极限主动土压力，p_0 为静止土压力，p_a 为极限主动土压力，k_n 为非极限主动土压力系数。其中，当围护结构静止时，$p_n (s=0) = p_0$；当围护结构位移达到 s_a（到达土体主动极限状态所需位移）时，$p_n (s=s_a) = p_a$。

为了建立非极限主动土压力系数与围护结构位移的关系式，通过上一章的验证，得出模型试验的极限主动土压力值与文献 [77] 提出的极限主动土压力理论值的误差满足 10%。因此，极限主动土压力 p_a 采用文献 [77] 提出的极限主动土压力公式。

静止土压力 p_0 采用以下公式：

$$p_0 = (1 - \sin\varphi)\gamma z_r \qquad (5\text{-}2)$$

式中，φ 为土体内摩擦角，γ 为土体重度，z_r 为挡墙深度。

5.1.1 土压力分布

由文献 [77] 可得到极限主动土压力的土压力强度公式以及对应挡墙深度 z 的取值范围，代入非极限主动土压力系数和静止土压力公式，可得到非极限主动土压力强度公式。

以下土压力公式中，H 为基坑开挖深度，D 为围护结构嵌固深度，b 为基坑近接既有地下结构有限土体宽度（近接距离），b_0 为既有地下结构宽度，h_j 为覆土厚度，h_0 为既有地下结构高度，h_s 为围护结构底部与既有地下结构底板的距离 [77]；k_a 为朗肯主动土压力系数，$k_a = \tan^2(\pi/5 - \varphi/2)$；$\delta_1$ 为墙 - 土摩擦角，取值 $2/3\varphi$；θ 为土体潜在滑移面倾角，取值 $\theta = \pi/4 + \varphi/2$；$q$ 为超载；φ 为土体内摩擦角；δ_2 为土体与既有地下结构的摩擦角，取值为 $2/3\varphi$。

土体破坏模式一的非极限主动土压力强度公式为：

$$p_n = (1 - k_n)(1 - \sin\varphi)\gamma z + k_n k_a m (H + D - z)^{a_1} + k_n k_a \frac{\gamma(H + D - z)}{a_1 - 1} \qquad (5\text{-}3)$$

式（5-3）中，a_1 和 m 分别为：

$$a_1 = k_a \tan\delta_1 \tan\theta + \frac{k_a \tan^2\theta \tan\varphi}{(\tan\theta - \tan\varphi)} + \frac{k_a \tan\theta}{(\tan\theta - \tan\varphi)} - 1 \qquad (5\text{-}4)$$

$$m = \left[q - \frac{\gamma(H + D)}{a_1 - 1} \right](H + D)^{-a_1} \qquad (5\text{-}5)$$

土体破坏模式二的非极限主动土压力强度公式为：

$$p_n = \begin{cases} (1 - k_n)(1 - \sin\varphi)\gamma z + k_n k_a \left[m_1(b\tan\theta + h_j - z)^{a_1} + \frac{\gamma(b\tan\theta + h_j - z)}{a_1 - 1} \right] & 0 \leqslant z \leqslant h_j \\[3mm] (1 - k_n)(1 - \sin\varphi)\gamma z + k_n k_a \left[m_2 e^{-a_2 z} + \frac{\gamma}{a_2} \right] & h_j \leqslant z \leqslant H + D - b\tan\theta \\[3mm] (1 - k_n)(1 - \sin\varphi)\gamma z + k_n k_a \left[m_3(H + D - z)^{a_1} + \frac{\gamma(H + D - z)}{a_1 - 1} \right] & H + D - b\tan\theta \leqslant z \leqslant H + D \end{cases}$$

$$\qquad (5\text{-}6)$$

式（5-6）中 m_1、m_2、m_3、a_2 分别为：

$$\left\{\begin{array}{l} m_1 = \left[q - \dfrac{\gamma\left(b\tan\theta + h_j\right)}{a_1 - 1} \right]\left(b\tan\theta + h_j\right)^{-a_1} \\[4mm] m_2 = \left\{ \left[m_1\left(b\tan\theta\right)^{a_1} + \dfrac{\gamma b\tan\theta}{a_1 - 1} \right] - \dfrac{\gamma}{a_2} \right\}e^{a_2 h_j} \\[4mm] m_3 = \dfrac{m_2 e^{-a_2(D+H-b\tan\theta)} + \dfrac{\gamma}{a_2} - \dfrac{\gamma b\tan\theta}{a_1 - 1}}{\left(b\tan\theta\right)^{a_1}} \\[4mm] a_2 = \dfrac{k_a}{b}\left(\tan\delta_1 + \tan\delta_2\right) \end{array}\right. \tag{5-7}$$

土体破坏模式三的非极限主动土压力强度公式为:

$$p_n = \left\{\begin{array}{ll} (1-k_n)(1-\sin\varphi)\gamma z + k_n k_a\left[m_1(b\tan\theta + h_j - z)^{a_1} + \dfrac{\gamma(b\tan\theta + h_j - z)}{a_1 - 1} \right] & 0 \leqslant z \leqslant h_j \\[4mm] (1-k_n)(1-\sin\varphi)\gamma z + k_n k_a\left(m_2 e^{-a_2 z} + \dfrac{\gamma}{a_2} \right) & h_j \leqslant z \leqslant h_j + h_0 \\[4mm] (1-k_n)(1-\sin\varphi)\gamma z + k_n k_a\left[m_4(H + D - z)^{a_1} + \dfrac{\gamma(H + D - z)}{a_1 - 1} \right] & h_j + h_0 \leqslant z \leqslant H + D \end{array}\right. \tag{5-8}$$

式（5-8）中 m_4 为:

$$m_4 = \dfrac{\left[m_2 e^{-a_2(h_0 + h_j)} + \dfrac{\gamma}{a_2} \right]\dfrac{b\tan\theta}{h_s} - \dfrac{\gamma(H + D - h_0 - h_j)}{a_1 - 1}}{(H + D - h_0 - h_j)^{a_1}} \tag{5-9}$$

土体破坏模式四的非极限主动土压力强度公式为:

$$p_n = \left\{\begin{array}{l} (1-k_n)(1-\sin\varphi)\gamma z + k_n k_a\left\{ m_5[(b + b_0)\tan\theta + h_0 + h_j - z]^a + \dfrac{\gamma[(b + b_0)\tan\theta + h_0 + h_j - z]}{a - 1} \right\} \\ \hfill 0 \leqslant z \leqslant h_j \\[4mm] (1-k_n)(1-\sin\varphi)\gamma z + k_n k_a\left\{ m_6[(b + b_0)\tan\theta + h_0 + h_j - z]^a + \dfrac{\gamma_D[(b + b_0)\tan\theta + h_0 + h_j - z]}{a - 1} \right\} \\ \hfill h_j \leqslant z \leqslant h_j + h_0 \\[4mm] (1-k_n)(1-\sin\varphi)\gamma z + k_n k_a\left[m_7(H + D - z)^a + \dfrac{\gamma(H + D - z)}{a - 1} \right] \hfill h_j + h_0 \leqslant z \leqslant H + D \end{array}\right. \tag{5-10}$$

地铁车站自重为 G_0，z 的范围分别对应为 $0 \leqslant z_r \leqslant h_j$、$h_j \leqslant z_r \leqslant h_j + h_0$、$h_j + h_0 \leqslant z_r \leqslant H + D$。

式（5-10）中 m_5、m_6、m_7、a、γ_D 分别为：

$$\begin{cases}
\gamma_D = \dfrac{G_0 + \gamma(bh_0 + \frac{h_0^2}{2\tan\theta})}{b_0 h_0 + bh_0 + \frac{h_0^2}{2\tan\theta}} = \dfrac{2\tan\theta G_0 + \gamma(2\tan\theta bh_0 + h_0^2)}{2\tan\theta b_0 h_0 + 2\tan\theta bh_0 + h_0^2} \\[4mm]
m_5 = \left\{ q - \dfrac{\gamma[(b+b_0)\tan\theta + h_0 + h_j]}{a-1} \right\} [(b+b_0)\tan\theta + h_0 + h_j]^{-a} \\[4mm]
m_6 = \left\{ m_5[(b+b_0)\tan\theta + h_0]^a + \dfrac{(\gamma-\gamma_D)[(b+b_0)\tan\theta + h_0]}{a-1} \right\} [(b+b_0)\tan\theta + h_0]^{-a} \\[4mm]
m_7 = h_s^{-a} \left\{ [m_6(b\tan\theta + b_0\tan\theta)^a + \dfrac{\gamma_D(b+b_0)\tan\theta}{a-1}] \dfrac{(b+b_0)\tan\theta}{h_s} - \dfrac{\gamma h_s}{a-1} \right\} \\[4mm]
a = \dfrac{k_a \tan\theta}{\tan\theta - \tan\varphi}
\end{cases} \tag{5-11}$$

土体破坏模式五的非极限主动土压力强度公式为：

$$p_n = \begin{cases}
(1-k_n)(1-\sin\varphi)\gamma z + k_n k_a \left\{ m_5[(b+b_0)\tan\theta + h_0 + h_j - d]^a + \dfrac{\gamma[(b+b_0)\tan\theta + h_0 + h_j - z]}{a-1} \right\} \\[3mm]
\qquad\qquad\qquad\qquad\qquad\qquad\qquad\qquad\qquad\qquad\qquad\qquad\qquad 0 \leqslant z \leqslant h_j \\[3mm]
(1-k_n)(1-\sin\varphi)\gamma z + k_n k_a \left[m_8(H+D-z)^a + \dfrac{\gamma_{D1}(H+D-z)}{a-1} \right] \qquad h_j \leqslant z \leqslant h_j + h_0 \\[3mm]
(1-k_n)(1-\sin\varphi)\gamma z + k_n k_a \left[m_9(H+D-z)^a + \dfrac{\gamma(H+D-z)}{a-1} \right] \qquad h_j + h_0 \leqslant z \leqslant H+D
\end{cases} \tag{5-12}$$

其中，z 的范围分别对应为 $0 \leqslant z \leqslant h_j$，$h_j \leqslant z \leqslant h_j + h_0$，$h_j + h_0 \leqslant z \leqslant H+D$。

式（5-12）中 m_8、m_9、γ_{D1} 分别为：

$$\begin{cases}
m_8 = \left[m(h_0 + h_s)^a + \dfrac{(\gamma-\gamma_{D1})(h_0 + h_s)}{a-1} \right] (h_0 + h_s)^{-a} \\[4mm]
m_9 = \left[m_8 h_s^a + \dfrac{(\gamma_{D1} - \gamma)h_s}{a-1} \right] h_s^{-a} \\[4mm]
\gamma_{D1} = \dfrac{2\tan\theta G_0 + \gamma h_0(2h_s + h_0 - 2b_0\tan\theta)}{2h_0 h_s + h_0^2}
\end{cases} \tag{5-13}$$

5.1.2 土压力合力

对上一节的非极限主动土压力强度公式进行相应的积分，可得出对应的非极限主动土压力合力公式。

土体破坏模式一的非极限主动土压力合力公式为：

$$E_{na} = \int_0^{H+D} p_n \mathrm{d}z = (1-k_n)\int_0^{H+D} p_0 \mathrm{d}z + k_n \int_0^{H+D} p_a \mathrm{d}z$$

$$= (1-k_n)(1-\sin\varphi)\gamma \int_0^{H+D} z\mathrm{d}z + k_n \int_0^{H+D} k_a \left[m(H+D-z)^{a_1} + \frac{\gamma(H+D-z)}{a_1-1} \right]\mathrm{d}z \quad (5\text{-}14)$$

$$= (1-k_n)(1-\sin\varphi)\frac{\gamma}{2}(H+D)^2 + k_n \left[\frac{k_a\gamma(H+D)^2}{2(a_1-1)} + \frac{k_a m(H+D)^{a_1+1}}{a_1+1} \right]$$

土体破坏模式二的非极限主动土压力合力公式为：

$$E_{na} = \int_0^{H+D} p_n \mathrm{d}z = (1-k_n)\int_0^{H+D} p_0 \mathrm{d}z + k_n \int_0^{H+D} p_a \mathrm{d}z$$

$$= (1-k_n)(1-\sin\varphi)\gamma \int_0^{H+D} z\mathrm{d}z + k_n \int_0^{h_j} k_a \left[m_1(b\tan\theta + h_j - z)^{a_1} + \frac{\gamma(b\tan\theta + h_j - z)}{a_1-1} \right]\mathrm{d}z$$

$$+ k_n \int_{h_j}^{H+D-b\tan\theta} k_a \left[m_2 e^{-a_2 z} + \frac{\gamma}{a_2} \right]\mathrm{d}z + k_n \int_{H+D-b\tan\theta}^{H+D} k_a \left[m_3(H+D-z)^{a_1} + \frac{\gamma(H+D-z)}{a_1-1} \right]\mathrm{d}z$$

$$= (1-k_n)(1-\sin\varphi)\frac{\gamma}{2}(H+D)^2 + k_n \left[\frac{k_a\gamma(b\tan\theta + h_j)^2}{2(a_1-1)} \right. \quad (5\text{-}15)$$

$$+ k_n k_a \left[\frac{m_1(b\tan\theta + h_j)^{a_1+1} + (m_3 - m_1)(b\tan\theta)^{a_1+1}}{a_1+1} \right]$$

$$+ k_n k_a \left\{ \frac{\gamma(h_0 + h_s - b\tan\theta) + m_2\left[e^{-a_2 h_j} - e^{-a_2(H+D-b\tan\theta)} \right]}{a_2} \right\}$$

土体破坏模式三的非极限主动土压力合力公式为：

$$E_{na} = \int_0^{H+D} p_n \mathrm{d}z = (1-k_n)\int_0^{H+D} p_0 \mathrm{d}z + k_n \int_0^{H+D} p_a \mathrm{d}z$$

$$= (1-k_n)(1-\sin\varphi)\gamma \int_0^{H+D} z\mathrm{d}z + k_n \int_0^{h_j} k_a \left[m_1(b\tan\theta + h_j - z)^{a_1} + \frac{\gamma(b\tan\theta + h_j - z)}{a_1-1} \right]\mathrm{d}z$$

$$+ k_n \int_{h_j}^{h_j+h_0} k_a (m_2 e^{-a_2 z} + \frac{\gamma}{a_2})\mathrm{d}z + k_n \int_{h_j+h_0}^{H+D} k_a \left[m_4(H+D-z)^{a_1} + \frac{\gamma(H+D-z)}{a_1-1} \right]\mathrm{d}z$$

$$= (1-k_n)(1-\sin\varphi)\frac{\gamma}{2}(H+D)^2 + k_n k_a \frac{\gamma\left[(b\tan\theta + h_j)^2 + h_s^2 - (b\tan\theta)^2 \right]}{2(a_1-1)} \quad (5\text{-}16)$$

$$+ k_n k_a \frac{m_1\left[(b\tan\theta + h_j)^{a_1+1} - (b\tan\theta)^{a_1+1} \right] + m_4 h_s^{a_1+1}}{a_1+1} + k_n k_a \frac{\gamma h_0 + m_2\left[e^{-a_2 h_j} - e^{-a_2(h_j+h_0)} \right]}{a_2}$$

土体破坏模式四的非极限主动土压力合力公式为：

$$E_{na} = \int_0^{H+D} p_n dz = (1-k_n)\int_0^{H+D} p_0 dz + k_n \int_0^{H+D} p_a dz$$

$$= (1-k_n)(1-\sin\varphi)\gamma\int_0^{H+D} z dz$$

$$+ k_n \int_0^{h_j} k_a \left\{ m_5[(b+b_0)\tan\theta + h_0 + h_j - z]^a + \frac{\gamma[(b+b_0)\tan\theta + h_0 + h_j - z]}{a-1} \right\} dz$$

$$+ k_n \int_{h_j}^{h_j+h_0} k_a \left\{ m_6[(b+b_0)\tan\theta + h_0 + h_j - z]^a + \frac{\gamma_D[(b+b_0)\tan\theta + h_0 + h_j - z]}{a-1} \right\} dz$$

$$+ k_n \int_{h_j+h_0}^{H+D} k_a \left[m_7(H+D-z)^a + \frac{\gamma(H+D-z)}{a-1} \right] dz$$

$$\hspace{10cm} (5\text{-}17)$$

$$= (1-k_n)(1-\sin\varphi)\frac{\gamma}{2}(H+D)^2$$

$$+ k_n k_a \frac{\gamma h_s^2 + \gamma\left[h_j + h_0 + (b+b_0)\tan\theta\right]^2 - (\gamma-\gamma_D)\left[h_0 + (b+b_0)\tan\theta\right]^2 - \gamma_D\left[(b+b_0)\tan\theta\right]^2}{2(a-1)}$$

$$+ k_n k_a \frac{m_5\left[h_j + h_0 + (b+b_0)\tan\theta\right]^{a+1} - m_6\left[(b+b_0)\tan\theta\right]^{a+1}}{a+1}$$

$$+ k_n k_a \frac{(m_6 - m_5)\left[h_0 + (b+b_0)\tan\theta\right]^{a+1} + m_7 h_s^{a+1}}{a+1}$$

土体破坏模式五的非极限主动土压力合力公式为：

$$E_{na} = \int_0^{H+D} p_n dz = (1-k_n)\int_0^{H+D} p_0 dz + k_n \int_0^{H+D} p_a dz$$

$$= (1-k_n)(1-\sin\varphi)\gamma\int_0^{H+D} z dz$$

$$+ k_n \int_0^{h_j} k_a \left\{ m_5[(b+b_0)\tan\theta + h_0 + h_j - z]^a + \frac{\gamma[(b+b_0)\tan\theta + h_0 + h_j - z]}{a-1} \right\} dz$$

$$+ k_n \int_{h_j}^{h_j+h_0} k_a \left[m_8(H+D-z)^a + \frac{\gamma_{D1}(H+D-z)}{a-1} \right] dz$$

$$+ k_n \int_{h_j+h_0}^{H+D} k_a \left[m_9(H+D-z)^a + \frac{\gamma(H+D-z)}{a-1} \right] dz$$

$$\hspace{10cm} (5\text{-}18)$$

$$= (1-k_n)(1-\sin\varphi)\frac{\gamma}{2}(H+D)^2$$

$$+ k_n k_a \frac{\gamma\left[(b+b_0)\tan\theta + h_0 + h_j\right]^2 - \gamma\left[(b+b_0)\tan\theta + h_0\right]^2 + \gamma_{D1}\left[(h_0+h_s)^2 - h_s^2\right] - \gamma h_s^2}{2(a-1)}$$

$$+ k_n k_a \frac{m_5\left[(b+b_0)\tan\theta + h_0 + h_j\right]^{1+a} - m_5\left[(b+b_0)\tan\theta + h_0\right]^{1+a}}{a+1}$$

$$+ \frac{m_8\left[(h_0+h_s)^{a+1} - h_s^{a+1}\right] + m_9 h_s^{a+1}}{a+1}$$

5.2 系数确定

本文在文献 [78] 研究的基础上提出了基于 Sigmoid 函数非极限主动土压力系数的围护结构位移关系公式为:

$$\begin{cases} p_n = p_0 + k_n\left(p_a - p_0\right) \\[2ex] k_n = \dfrac{\left[1 - e^{c\left(\frac{s}{s_a}\right)}\right]\left(1 + e^c\right)}{\left[1 + e^{c\left(\frac{s}{s_a}\right)}\right]\left(1 - e^c\right)} \\[2ex] c = 2.5\ln\left[\dfrac{3}{e^{\tan^2(\pi/4 - \varphi/2)} - 1} + 1\right] \end{cases} \quad (5\text{-}19)$$

式（5-19）中，k_n 为非极限主动土压力系数，s 为移动挡墙位移，s_a 为土体达到主动极限状态所需位移，φ 为土体内摩擦角。

5.3 方法合理性验证

5.3.1 与模型试验对比分析

根据第 2 章土体破坏模式的适用条件，给出了第 4 章模型试验各工况下的土体破坏模式，具体见表 5-1。

模型试验各工况下的土体破坏模式　　　　　　　　　　　　　　　　表 5-1

工况	既有地下结构近接距离 b（mm）	既有地下结构覆土厚度 h_j（mm）	土体破坏模式	备注
工况一	150	100	四	有既有地下结构
工况二	250	100	三	标准工况
工况三	350	100	三	有既有地下结构
工况四	450	100	二	有既有地下结构
工况五	250	200	三	有既有地下结构
工况六	250	300	三	有既有地下结构
工况七	250	400	二	有既有地下结构
工况八	—	—	一	无既有地下结构

由表 5-1 可见，工况八属于土体破坏模式一，工况四和工况七属于土体破坏模式二，工况二、三、五和六属于土体破坏模式三，工况一属于土体破坏模式四。

1. 土体破坏模式一

通过对比工况八模型试验与理论方法结果，分析理论方法的合理性，工况八试验结果与理论方法的误差如图 5-2 所示。

由图 5-2 可知，理论方法与工况八试验得到的土压力均为非线性曲线。理论方法得到的土压力比工况八试验得到的土压力偏小，但底部土压力比工况八试验得到的土压力偏大。二者土压力强度的误差分析见表 5-2 和表 5-3。

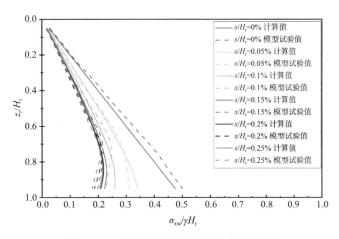

图 5-2 工况八试验结果与理论方法的误差

理论方法与工况八模型试验的土压力强度误差分析 1（单位：kPa） 表 5-2

深度 z（m）	s=0mm		s=0.5mm		s=1mm	
	计算解	试验结果	计算解	试验结果	计算解	试验结果
0.05	0.38	0.42（-10.7%）	0.31	0.34（-8.2%）	0.27	0.27（1.4%）
0.15	1.13	1.21（-7.0%）	0.93	0.84（9.9%）	0.81	0.73（10.4%）
0.25	1.88	1.90（-1.3%）	1.55	1.49（3.6%）	1.34	1.29（4.0%）
0.35	2.63	2.90（-9.5%）	2.15	2.00（7.0%）	1.86	1.68（9.4%）
0.45	3.38	3.58（-5.7%）	2.74	2.80（-2.0%）	2.36	2.42（-2.7%）
0.55	4.13	4.50（-8.3%）	3.32	3.40（-2.3%）	2.83	2.97（-4.7%）
0.65	4.88	5.30（-8.0%）	3.87	4.07（-4.7%）	3.27	3.57（-8.5%）
0.75	5.66	6.20（-9.3%）	4.40	4.40（-0.1%）	3.65	3.80（-4.0%）
0.85	6.38	6.80（-6.3%）	4.85	4.57（5.9%）	3.92	3.54（9.7%）
0.95	7.13	7.50（-5.0%）	5.11	4.67（8.6%）	3.88	3.40（12.4%）

理论方法与工况八模型试验的土压力强度误差分析 2（单位：kPa）　　表 5-3

深度 z（m）	s=1.5mm		s=2mm		s=2.5mm	
	计算解	试验结果	计算解	试验结果	计算解	试验结果
0.05	0.26	0.23（10.5%）	0.25	0.22（12.2%）	0.25	0.22（9.4%）
0.15	0.76	0.71（6.4%）	0.74	0.68（8.8%）	0.74	0.67（8.5%）
0.25	1.26	1.14（9.2%）	1.22	1.14（7.1%）	1.21	1.13（6.5%）
0.35	1.73	1.63（5.8%）	1.68	1.63（7.9%）	1.67	1.52（8.6%）
0.45	2.19	2.16（1.2%）	2.12	2.16（2.9%）	2.10	1.97（6.3%）
0.55	2.61	2.63（−0.7%）	2.53	2.63（4.8%）	2.50	2.35（5.9%）
0.65	2.99	3.19（−6.4%）	2.90	3.19（−3.5%）	2.86	2.56（2.1%）
0.75	3.32	3.30（0.5%）	3.19	3.30（−2.1%）	3.15	3.23（−2.6%）
0.85	3.51	3.20（8.8%）	3.36	3.20（7.6%）	3.30	2.91（11.8%）
0.95	3.34	2.95（11.6%）	3.13	2.95（10.9%）	3.06	2.67（12.8%）

2. 土体破坏模式二

通过对比工况四与工况七模型试验与理论方法结果，分析理论方法的合理性，工况四与工况七试验结果与理论方法的误差如图 5-3 所示。

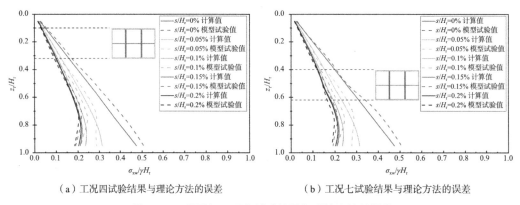

（a）工况四试验结果与理论方法的误差　　　　（b）工况七试验结果与理论方法的误差

图 5-3　工况四与工况七试验结果与理论方法的误差

由图 5-3（a）可知，理论方法与工况四试验得到的土压力为非线性曲线。工况四试验中既有地下结构对非极限土压力影响较小。理论方法在底部比试验结果偏大，在土体中上部的土压力比试验结果偏小，但二者的误差相差不大。二者土压力强度的误差分析见表 5-4 和表 5-5。

由图 5-3（b）可知，理论方法与工况七试验得到的土压力为非线性曲线。工况七试验中既有地下结构对非极限土压力影响较小。理论方法在底部比试验结果偏大，在土体中上部的土压力与试验结果较为接近。二者土压力强度的误差分析见表 5-6 和表 5-7。

理论方法与工况四模型试验的土压力强度误差分析 1（单位：kPa） 表 5-4

深度 z（m）	s=0mm		s=0.5mm		s=1mm	
	计算解	试验结果	计算解	试验结果	计算解	试验结果
0.05	0.38	0.42（-10.7%）	0.30	0.32（-8.0%）	0.26	0.27（-2.5%）
0.15	1.13	1.25（-9.3%）	0.89	0.84（5.5%）	0.77	0.72（7.0%）
0.25	1.88	2.10（-10.7%）	1.47	1.49（-1.7%）	1.27	1.29（-1.9%）
0.35	2.63	2.80（-6.3%）	2.04	1.89（-7.6%）	1.76	1.60（9.0%）
0.45	3.38	3.80（-11.1%）	2.61	2.80（-7.5%）	2.23	2.42（-7.9%）
0.55	4.13	4.60（-10.3%）	3.15	3.40（-7.9%）	2.67	2.97（-9.9%）
0.65	4.88	5.50（-11.4%）	3.70	4.07（-10.9%）	3.08	3.38（-8.7%）
0.75	5.66	6.30（-10.7%）	4.15	4.40（-6.1%）	3.42	3.80（-9.9%）
0.85	6.38	7.01（-9.1%）	4.54	4.21（7.3%）	3.65	3.45（5.4%）
0.95	7.13	7.60（-6.3%）	4.71	4.30（-8.7%）	3.53	3.20（9.4%）

理论方法与工况四模型试验的土压力强度误差分析 2（单位：kPa） 表 5-5

深度 z（m）	s=1.5mm		s=2mm	
	计算解	试验结果	计算解	试验结果
0.05	0.25	0.24（4.6%）	0.25	0.23（7.7%）
0.15	0.74	0.70（5.4%）	0.73	0.67（8.2%）
0.25	1.20	1.14（5.1%）	1.18	1.06（10.4%）
0.35	1.67	1.54（7.6%）	1.64	1.49（9.3%）
0.45	2.11	2.16（-2.4%）	2.07	2.01（3.1%）
0.55	2.52	2.63（-4.1%）	2.48	2.44（1.5%）
0.65	2.89	3.19（-9.3%）	2.83	2.99（-5.0%）
0.75	3.19	3.30（-3.3%）	3.13	3.10（0.8%）
0.85	3.36	3.10（7.8%）	3.28	2.95（10.1%）
0.95	3.15	2.83（10.2%）	3.05	2.77（9.1%）

理论方法与工况七模型试验的土压力强度误差分析 1（单位：kPa） 表 5-6

深度 z（m）	s=0mm		s=0.5mm		s=1mm	
	计算解	试验结果	计算解	试验结果	计算解	试验结果
0.05	0.38	0.42（-9.1%）	0.30	0.32（-8.0%）	0.26	0.27（-2.5%）
0.15	1.13	1.10（2.3%）	0.89	0.84（6.0%）	0.78	0.71（9.0%）
0.25	1.88	2.00（-6.3%）	1.48	1.49（-0.9%）	1.28	1.29（-0.7%）
0.35	2.63	2.80（-6.2%）	2.04	1.85（9.5%）	1.76	1.62（8.0%）
0.45	3.38	3.40（-0.7%）	2.57	2.80（-9.1%）	2.17	2.42（-10.3%）
0.55	4.13	4.25（-2.9%）	3.05	3.40（-11.6%）	2.52	2.75（-8.4%）
0.65	4.88	5.50（-11.4%）	3.67	4.07（-10.9%）	3.08	3.32（-7.2%）

深度 z（m）	s=0mm		s=0.5mm		s=1mm	
	计算解	试验结果	计算解	试验结果	计算解	试验结果
0.75	5.66	6.30（−10.7%）	4.15	4.40（−6.1%）	3.42	3.80（−9.9%）
0.85	6.38	7.01（−9.1%）	4.54	4.21（7.3%）	3.65	3.45（5.4%）
0.95	7.13	7.60（−6.3%）	4.71	4.17（11.5%）	3.53	3.16（10.5%）

理论方法与工况七模型试验的土压力强度误差分析 2（单位：kPa）　表 5-7

深度 z（m）	s=1.5mm		s=2mm	
	计算解	试验结果	计算解	试验结果
0.05	0.25	0.23（7.7%）	0.25	0.22（9.4%）
0.15	0.74	0.67（9.4%）	0.73	0.67（8.9%）
0.25	1.22	1.14（6.4%）	1.20	1.08（10.1%）
0.35	1.67	1.54（7.7%）	1.64	1.54（6.6%）
0.45	2.05	2.16（−5.4%）	2.01	2.05（−2.0%）
0.55	2.35	2.50（−6.1%）	2.30	2.25（2.2%）
0.65	2.89	2.95（−2.0%）	2.84	2.56（9.8%）
0.75	3.19	3.30（−3.3%）	3.13	3.04（2.6%）
0.85	3.36	3.00（10.8%）	3.28	2.90（11.6%）
0.95	3.15	2.87（8.9%）	3.05	2.80（8.1%）

3. 土体破坏模式三

通过对比工况二、三、五和六模型试验与理论方法结果，分析理论方法的合理性，工况二、三、五和六试验结果与理论方法的误差如图 5-4 所示。

由图 5-4（a）可知，理论方法与工况二试验得到的土压力为非线性曲线。工况二试验中在既有地下结构附近的土压力有减小趋势，理论方法在底部比试验结果偏大。二者土压力强度的误差分析见表 5-8 和表 5-9。

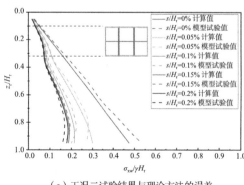

（a）工况二试验结果与理论方法的误差

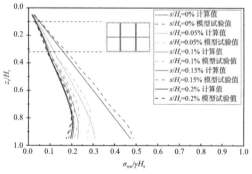

（b）工况三试验结果与理论方法的误差

图 5-4　工况二、三、五和六试验结果与理论方法的误差（一）

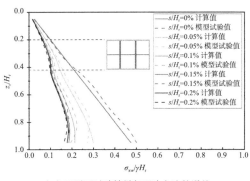

（c）工况五试验结果与理论方法的误差

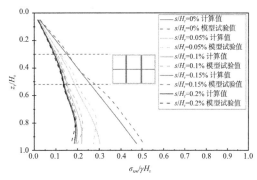

（d）工况六试验结果与理论方法的误差

图 5-4　工况二、三、五和六试验结果与理论方法的误差（二）

理论方法与工况二模型试验的土压力强度误差分析 1（单位：kPa）　表 5-8

深度 z（m）	$s=0$mm		$s=0.5$mm		$s=1$mm	
	计算解	试验结果	计算解	试验结果	计算解	试验结果
0.05	0.38	0.41（−9.1%）	0.30	0.32（−6.7%）	0.26	0.27（−0.6%）
0.15	1.13	1.22（−7.8%）	0.88	0.92（−4.5%）	0.76	0.82（−7.5%）
0.25	1.88	2.01（−6.7%）	1.43	1.49（−4.2%）	1.21	1.29（−6.2%）
0.35	2.63	2.88（−8.9%）	1.68	1.68（−1.9%）	1.21	1.34（−9.4%）
0.45	3.38	3.70（−8.8%）	2.25	2.43（−7.2%）	1.70	1.83（−6.9%）
0.55	4.13	4.50（−8.3%）	2.81	3.12（−9.9%）	2.17	2.30（−5.6%）
0.65	4.88	5.12（−4.8%）	3.35	3.56（−5.9%）	2.60	2.89（−9.9%）
0.75	5.66	6.20（−9.3%）	3.85	4.17（−7.7%）	2.98	3.21（−7.2%）
0.85	6.38	7.00（−8.9%）	4.28	4.21（1.5%）	3.25	3.45（−5.9%）
0.95	7.13	7.99（−10.8%）	4.50	4.10（8.8%）	3.21	3.00（6.7%）

理论方法与工况二模型试验的土压力强度误差分析 2（单位：kPa）　表 5-9

深度 z（m）	$s=1.5$mm		$s=2$mm	
	计算解	试验结果	计算解	试验结果
0.05	0.25	0.26（−3.7%）	0.25	0.25（−1.5%）
0.15	0.72	0.74（−2.7%）	0.71	0.68（4.1%）
0.25	1.14	1.14（−0.1%）	1.12	1.05（6.2%）
0.35	1.06	1.13（−5.9%）	1.02	1.06（−3.3%）
0.45	1.52	1.60（−4.6%）	1.48	1.38（6.6%）
0.55	1.96	2.01（−2.4%）	1.91	1.88（1.4%）
0.65	2.36	2.45（−3.6%）	2.29	2.14（6.7%）
0.75	2.70	2.78（−2.9%）	2.62	2.50（4.6%）
0.85	2.92	3.01（−3.1%）	2.83	2.57（9.1%）
0.95	2.80	2.56（8.5%）	2.68	2.40（10.6%）

由图 5-4（b）可知，理论方法与工况三试验得到的土压力为非线性曲线。理论方法在底部比试验结果偏小，二者土压力强度的误差分析见表 5-10 和表 5-11。

理论方法与工况三模型试验的土压力强度误差分析 1（单位：kPa）　　　表 5-10

深度 z（m）	s=0mm		s=0.5mm		s=1mm	
	计算解	试验结果	计算解	试验结果	计算解	试验结果
0.05	0.38	0.41（-8.5%）	0.30	0.34（-10.8%）	0.26	0.27（-2.6%）
0.15	1.13	1.20（-6.3%）	0.89	0.84（5.1%）	0.77	0.71（8.8%）
0.25	1.88	2.00（-6.3%）	1.45	1.49（-2.8%）	1.24	1.29（-3.8%）
0.35	2.63	2.94（-10.7%）	1.91	1.77（7.5%）	1.57	1.50（4.4%）
0.45	3.38	3.60（-6.3%）	2.48	2.70（-8.8%）	2.04	2.28（-10.3%）
0.55	4.13	4.60（-10.3%）	3.03	3.31（-9.2%）	2.50	2.74（-8.9%）
0.65	4.88	5.20（-6.3%）	3.56	3.89（-9.5%）	2.91	3.20（-9.0%）
0.75	5.66	6.00（-6.3%）	4.04	4.40（-8.9%）	3.27	3.57（-8.5%）
0.85	6.38	7.00（-8.9%）	4.45	4.21（5.3%）	3.51	3.45（1.6%）
0.95	7.13	7.30（-2.4%）	4.64	4.09（11.8%）	3.42	3.16（8.2%）

理论方法与工况三模型试验的土压力强度误差分析 2（单位：kPa）　　　表 5-11

深度 z（m）	s=1.5mm		s=2mm	
	计算解	试验结果	计算解	试验结果
0.05	0.25	0.24（4.6%）	0.25	0.23（8.7%）
0.15	0.73	0.67（9.1%）	0.72	0.67（7.5%）
0.25	1.17	1.14（2.9%）	1.15	1.02（11.7%）
0.35	1.45	1.39（4.6%）	1.42	1.39（2.4%）
0.45	1.90	2.16（-11.9%）	1.86	1.92（-2.8%）
0.55	2.32	2.63（-11.6%）	2.28	2.39（-4.7%）
0.65	2.70	2.94（-8.0%）	2.65	2.87（-7.9%）
0.75	3.02	3.30（-8.6%）	2.95	3.03（-2.7%）
0.85	3.21	3.95（8.6%）	3.12	2.94（6.3%）
0.95	3.03	2.77（9.3%）	2.92	2.61（10.6%）

由图 5-4（c）可知，理论方法与工况五试验得到的土压力为非线性曲线。工况五试验和理论方法中在既有地下结构附近的土压力有明显的减小趋势。理论方法与试验结果在土体中上部较为接近。二者土压力强度的误差分析见表 5-12 和表 5-13。

理论方法与工况五模型试验的土压力强度误差分析 1（单位：kPa）　　表 5-12

深度 z（m）	s=0mm		s=0.5mm		s=1mm	
	计算解	试验结果	计算解	试验结果	计算解	试验结果
0.05	0.38	0.39（-3.8%）	0.30	0.33（-9.2%）	0.26	0.27（-2.7%）
0.15	1.13	1.10（2.3%）	0.89	0.84（5.9%）	0.77	0.78（-1.2%）
0.25	1.88	1.80（4.2%）	1.45	1.49（-2.7%）	1.24	1.29（-3.7%）
0.35	2.63	2.50（5.0%）	1.97	2.10（-6.0%）	1.66	1.79（-7.3%）
0.45	3.38	3.71（-9.1%）	2.24	2.45（-8.7%）	1.68	1.83（-8.0%）
0.55	4.13	4.60（-10.3%）	2.80	3.09（-9.5%）	2.15	2.35（-8.5%）
0.65	4.88	5.20（-6.3%）	3.33	3.56（-6.3%）	2.58	2.85（-9.3%）
0.75	5.66	6.00（-6.3%）	3.83	4.30（-10.8%）	2.96	3.25（-9.0%）
0.85	6.38	7.01（-9.1%）	4.26	4.21（1.2%）	3.23	3.45（-6.4%）
0.95	7.13	7.50（-5.0%）	4.49	4.08（9.1%）	3.20	2.91（9.1%）

理论方法与工况五模型试验的土压力强度误差分析 2（单位：kPa）　　表 5-13

深度 z（m）	s=1.5mm		s=2mm	
	计算解	试验结果	计算解	试验结果
0.05	0.25	0.25（-1.2%）	0.25	0.23（6.3%）
0.15	0.74	0.71（3.9%）	0.73	0.70（4.2%）
0.25	1.18	1.14（3.1%）	1.16	1.06（8.3%）
0.35	1.55	1.61（-3.5%）	1.53	1.43（6.1%）
0.45	1.50	1.55（-3.2%）	1.45	1.42（1.1%）
0.55	1.94	2.13（-9.0%）	1.88	1.96（-4.2%）
0.65	2.34	2.58（-9.4%）	2.27	2.23（1.8%）
0.75	2.68	2.77（-3.4%）	2.60	2.56（1.3%）
0.85	2.90	2.85（1.6%）	2.81	2.72（3.1%）
0.95	2.78	2.66（4.6%）	2.67	2.44（8.5%）

由图 5-4（d）可知，理论方法与工况六试验得到的土压力为非线性曲线。工况六试验中在既有地下结构附近的土压力有减小趋势，理论方法在底部比试验结果偏大。二者土压力强度的误差分析见表 5-14 和表 5-15。

理论方法与工况六模型试验的土压力强度误差分析 1（单位：kPa）　　表 5-14

深度 z（m）	s=0mm		s=0.5mm		s=1mm	
	计算解	试验结果	计算解	试验结果	计算解	试验结果
0.05	0.38	0.40（-6.3%）	0.30	0.33（-8.3%）	0.26	0.27（-2.6%）
0.15	1.13	1.24（-9.3%）	0.89	0.84（5.8%）	0.78	0.68（12.6%）

续表

深度 z（m）	s=0mm		s=0.5mm		s=1mm	
	计算解	试验结果	计算解	试验结果	计算解	试验结果
0.25	1.88	2.07（−9.4%）	1.47	1.49（−1.3%）	1.27	1.29（−1.3%）
0.35	2.63	2.60（1.0%）	2.01	2.16（−6.8%）	1.71	1.88（−8.9%）
0.45	3.38	3.40（−0.7%）	2.51	2.80（−10.2%）	2.09	2.12（−1.5%）
0.55	4.13	4.60（−10.3%）	2.59	3.07（−5.7%）	2.29	2.38（−3.6%）
0.65	4.88	5.50（−11.4%）	3.43	3.74（−8.4%）	2.72	3.00（−9.4%）
0.75	5.66	6.19（−9.1%）	3.92	4.40（−10.9%）	3.09	3.30（−6.5%）
0.85	6.38	7.00（−8.9%）	4.34	4.21（3.0%）	3.35	3.45（−3.0%）
0.95	7.13	7.60（−6.3%）	4.55	4.11（9.6%）	3.29	3.00（8.9%）

理论方法与工况六模型试验的土压力强度误差分析 2（单位：kPa）　　表 5-15

深度 z（m）	s=1.5mm		s=2mm	
	计算解	试验结果	计算解	试验结果
0.05	0.25	0.24（4.1%）	0.25	0.23（8.0%）
0.15	0.74	0.74（0.3%）	0.73	0.70（3.7%）
0.25	1.21	1.18（2.5%）	1.19	1.15（3.5%）
0.35	1.62	1.60（1.2%）	1.59	1.50（5.7%）
0.45	1.96	2.08（−6.0%）	1.92	1.90（1.0%）
0.55	2.10	2.23（−5.9%）	2.05	2.00（2.2%）
0.65	2.49	2.60（−4.2%）	2.43	2.39（1.5%）
0.75	2.82	2.95（−4.5%）	2.74	2.88（−4.7%）
0.85	3.03	2.90（4.2%）	2.94	2.82（4.0%）
0.95	2.88	2.74（5.0%）	2.77	2.54（8.5%）

4. 土体破坏模式四

通过对比工况一模型试验与理论方法结果，分析理论方法的合理性，工况一试验结果与理论方法的误差如图 5-5 所示。

由图 5-5 可知，理论方法与工况一试验得到的土压力为非线性曲线。工况一试验中既有地下结构对非极限土压力影响较小。理论方法在土体底部土压力比试验结果偏小，但二者的误差相差不大。二者土压力强度的误差分析见表 5-16 和表 5-17。

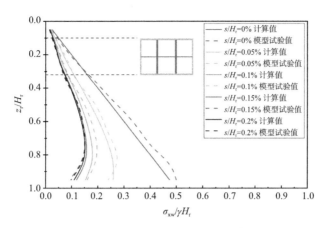

图 5-5　工况一试验结果与理论方法的误差

理论方法与工况一模型试验的土压力强度误差分析 1（单位：kPa）　　　表 5-16

深度 z（m）	$s=0mm$		$s=0.5mm$		$s=1mm$	
	计算解	试验结果	计算解	试验结果	计算解	试验结果
0.05	0.38	0.38（−1.3%）	0.30	0.34（−11.9%）	0.26	0.27（−2.9%）
0.15	1.13	1.00（11.0%）	0.81	0.84（−3.6%）	0.66	0.68（−3.5%）
0.25	1.88	1.80（4.0%）	1.23	1.37（−9.9%）	0.92	1.02（−9.8%）
0.35	2.63	2.80（−6.3%）	1.81	1.68（7.2%）	1.41	1.40（0.9%）
0.45	3.38	3.60（−6.3%）	2.34	2.57（−9.0%）	1.84	2.04（−9.9%）
0.55	4.13	4.60（−10.3%）	2.84	3.17（−10.5%）	2.21	2.47（−10.7%）
0.65	4.88	5.40（−9.7%）	3.28	3.48（−5.6%）	2.51	2.79（−10.1%）
0.75	5.66	6.00（−6.3%）	3.66	4.00（−8.5%）	2.70	3.00（−9.9%）
0.85	6.38	7.20（−11.5%）	3.92	4.21（−7.0%）	2.72	2.91（−6.6%）
0.95	7.13	7.50（−5.0%）	3.89	3.60（7.3%）	2.30	2.40（−4.1%）

理论方法与工况一模型试验的土压力强度误差分析 2（单位：kPa）　　　表 5-17

深度 z（m）	$s=1.5mm$		$s=2mm$	
	计算解	试验结果	计算解	试验结果
0.05	0.25	0.23（8.1%）	0.25	0.22（9.7%）
0.15	0.61	0.56（7.6%）	0.59	0.53（10.6%）
0.25	0.82	0.85（−3.6%）	0.79	0.84（−5.8%）
0.35	1.28	1.24（3.4%）	1.25	1.14（8.7%）
0.45	1.67	1.74（−3.9%）	1.63	1.70（−4.4%）
0.55	2.00	1.95（−4.6%）	1.95	2.06（−5.7%）
0.65	2.25	2.15（−4.0%）	2.18	2.20（−0.7%）
0.75	2.39	2.50（−4.4%）	2.30	2.33（−1.1%）
0.85	2.33	2.23（4.3%）	2.22	2.15（3.2%）
0.95	1.79	1.66（7.3%）	1.64	1.47（10.9%）

5.3.2　与数值模拟结果对比分析

基于上一章的数值模拟，新增了两种工况，分别为既有地下结构近接距离 b=0.3m 和覆土厚度 h_j=0.1m、既有地下结构近接距离 b=0.5m 和覆土厚度 h_j=0.1m，将数值模拟得到的土压力值与计算方法得到的土压力值进行对比研究。其中，近接距离 b=0.3m 和覆土厚度 h_j=0.1m 符合土体破坏模式三，近接距离 b=0.5m 和覆土厚度 h_j=0.1m 符合土体破坏模式二。

通过对比数值模拟与理论方法结果，分析理论方法的合理性，数值模拟计算结果与理论方法的误差如图 5-6 所示。

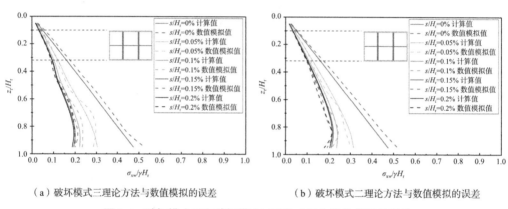

（a）破坏模式三理论方法与数值模拟的误差　　　　　（b）破坏模式二理论方法与数值模拟的误差

图 5-6　破坏模式三和破坏模式二理论方法与数值模拟的误差

由图 5-6（a）可知，破坏模式三理论方法与数值模拟得到的非极限主动土压力均为非线性曲线，静止土压力随着挡墙深度线性增加。破坏模式三计算方法在挡墙上部比数值模拟结果偏大，在挡墙中底部的土压力比数值模拟结果偏小，但二者的误差小于 10%。二者土压力强度的误差分析见表 5-18 和表 5-19。

破坏模式三理论方法与数值模拟的土压力强度误差分析 1（单位：kPa）　　表 5-18

深度 z（m）	s=0mm		s=0.5mm		s=1mm	
	计算解	数值模拟	计算解	数值模拟	计算解	数值模拟
0.05	0.38	0.41（−8.5%）	0.30	0.33（−9.2%）	0.26	0.29（−9.4%）
0.15	1.13	1.25（−10.0%）	0.88	1.00（−11.7%）	0.76	0.70（8.7%）
0.25	1.88	2.05（−8.5%）	1.44	1.50（−3.9%）	1.23	1.13（7.6%）
0.35	2.63	2.92（−10.1%）	1.98	1.78（9.8%）	1.66	1.54（7.1%）
0.45	3.38	3.63（−7.0%）	2.37	2.28（3.6%）	1.87	1.65（11.8%）
0.55	4.13	4.54（−9.1%）	2.92	3.62（10.5%）	2.33	2.21（5.3%）

续表

深度 z（m）	s=0mm		s=0.5mm		s=1mm	
	计算解	数值模拟	计算解	数值模拟	计算解	数值模拟
0.65	4.88	5.27（−7.5%）	3.45	3.85（−10.3%）	2.76	2.98（−7.6%）
0.75	5.66	6.01（−6.4%）	3.94	4.45（−11.4%）	3.12	3.49（−10.4%）
0.85	6.38	6.64（−4.0%）	4.36	4.49（−2.8%）	3.38	3.55（−4.8%）
0.95	7.13	7.89（−9.7%）	4.57	4.27（6.4%）	3.32	3.50（−5.1%）

破坏模式三理论方法与数值模拟的土压力强度误差分析 2（单位：kPa）　　表 5-19

深度 z（m）	s=1.5mm		s=2mm	
	计算解	数值模拟	计算解	数值模拟
0.05	0.25	0.27（−6.1%）	0.25	0.26（−3.7%）
0.15	0.73	0.79（−8.5%）	0.72	0.69（3.5%）
0.25	1.16	1.13（2.1%）	1.14	1.13（0.7%）
0.35	1.56	1.52（2.8%）	1.53	1.41（7.9%）
0.45	1.71	1.70（1.1%）	1.67	1.55（7.1%）
0.55	2.14	2.39（−10.4%）	2.09	2.22（−5.7%）
0.65	2.53	2.70（−6.3%）	2.47	2.68（−7.8%）
0.75	2.86	2.96（−3.4%）	2.78	2.87（−3.1%）
0.85	3.06	3.29（−6.9%）	2.97	3.01（−1.3%）
0.95	2.91	3.01（−3.2%）	2.80	2.98（−6.1%）

由图 5-6（b）可知，破坏模式二理论方法与数值模拟得到的土压力均为非线性曲线。理论方法在挡墙上部与数值模拟接近，在挡墙中底部的土压力比数值模拟结果偏小，误差保持在 5% 左右。二者土压力强度的误差分析见表 5-20 和表 5-21。

破坏模式二理论方法与数值模拟的土压力强度误差分析 1（单位：kPa）　　表 5-20

深度 z（m）	s=0mm		s=0.5mm		s=1mm	
	计算解	数值模拟	计算解	数值模拟	计算解	数值模拟
0.05	0.38	0.40（−6.3%）	0.30	0.32（−6.2%）	0.26	0.28（−5.9%）
0.15	1.13	1.22（−7.8%）	0.89	0.95（−6.1%）	0.78	0.75（3.8%）
0.25	1.88	2.01（−6.7%）	1.48	1.50（−1.2%）	1.29	1.13（12.2%）
0.35	2.63	2.89（−9.2%）	2.06	1.84（10.6%）	1.78	1.75（1.7%）
0.45	3.38	3.71（−9.0%）	2.62	2.38（9.1%）	2.25	1.98（11.8%）
0.55	4.13	4.51（−8.5%）	3.16	2.82（10.7%）	2.69	2.48（8.1%）
0.65	4.88	5.30（−8.0%）	3.68	3.73（−1.4%）	3.10	2.89（6.5%）
0.75	5.66	6.07（−7.3%）	4.16	3.98（4.3%）	3.44	3.44（0.3%）
0.85	6.38	6.87（−7.2%）	4.55	4.20（7.8%）	3.66	3.81（−3.8%）
0.95	7.13	7.79（−8.5%）	4.72	4.55（3.6%）	3.54	3.20（9.7%）

破坏模式二理论方法与数值模拟的土压力强度误差分析 2（单位：kPa） 表 5-21

深度 z（m）	s=1.5mm		s=2mm	
	计算解	数值模拟	计算解	数值模拟
0.05	0.25	0.26（-3.2%）	0.25	0.26（-3.4%）
0.15	0.74	0.70（5.8%）	0.73	0.70（4.1%）
0.25	1.22	1.13（7.2%）	1.21	1.14（5.4%）
0.35	1.69	1.69（-0.4%）	1.66	1.61（3.3%）
0.45	2.13	1.94（8.8%）	2.10	1.89（9.9%）
0.55	2.54	2.42（4.6%）	2.50	2.23（10.9%）
0.65	2.91	2.66（8.6%）	2.86	2.54（11.0%）
0.75	3.21	2.78（13.3%）	3.14	2.91（7.6%）
0.85	3.38	3.43（-1.4%）	3.30	3.39（-2.6%）
0.95	3.16	2.87（9.4%）	3.06	2.67（12.6%）

5.4 参数分析

上一节已证明了非极限主动土压力公式的可行性和合理性，本节针对提出的非极限主动土压力强度和非极限主动土压力合力公式展开研究。针对一算例，分别探究近接距离、覆土厚度、内摩擦角和基坑深度对土压力的影响规律。

算例的基本参数为：土体密度 ρ 为 1500kg/m^3，黏聚力 c 为 0kPa，内摩擦角 φ 为 30°，墙-土摩擦角 δ 为 20°，围护结构桩长 H 为 1m，既有地下结构宽度 b_0 为 0.33m，高度 h_0 为 0.22m。

5.4.1 近接距离

在其他参数不变的前提下，近接距离 b 分别为 0.3m、0.4m、0.5m 和 0.6m，覆土厚度 h_j=0.1m 保持不变，以移动挡墙位移 0.05%H_r（非极限状态）、0.1%H_r（非极限状态）、0.15%H_r（非极限状态）和 0.2%H_r（极限状态）为例，研究不同既有地下结构近接距离对非极限主动土压力的影响程度，具体情况如图 5-7 所示。

由图 5-7 可以得出，随着既有地下结构近接距离的增大，有限土体非极限主动土压力也随之增加。随着挡墙位移的增加，不同近接距离下的非极限主动土压力之间的差值也不断拉大，在达到极限状态时不同近接距离下的非极限主动土压力差值最大。而且随着挡墙位移的增加，非极限主动土压力由线性增加变成了非线性增大，在挡墙底部有减小收缩的趋势。

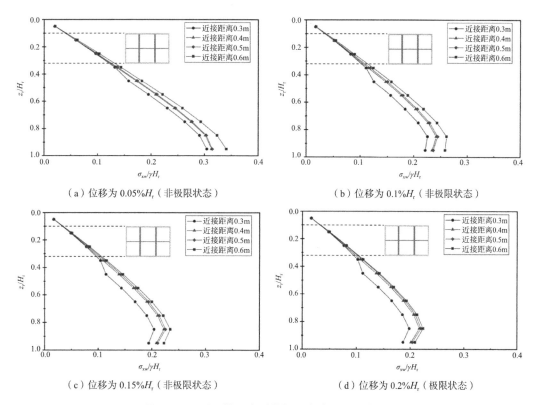

（a）位移为 0.05%H_r（非极限状态）　　　（b）位移为 0.1%H_r（非极限状态）

（c）位移为 0.15%H_r（非极限状态）　　　（d）位移为 0.2%H_r（极限状态）

图 5-7　不同近接距离对非极限主动土压力的影响

在其他参数不变的前提下，近接距离 b 分别为 0.3m、0.4m、0.5m 和 0.6m，覆土厚度 h_j=0.1m 保持不变，研究不同既有地下结构近接距离对非极限主动土压力合力的影响程度，具体情况如图 5-8 和表 5-22 所示。

从图 5-8 和表 5-22 得出，近接距离对非极限主动土压力合力有明显的影响。在围护结构静止时，近接距离对主动土压力合力基本没有影响，但随着围护结构移动距离

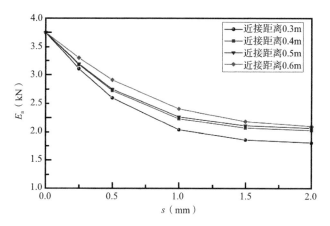

图 5-8　不同近接距离对非极限主动土压力合力的影响

的增加，近接距离对非极限主动土压力数值大小影响越大。在相同的围护结构移动距离下，随着既有地下结构近接距离的增加，非极限主动土压力合力也随之增大。

不同近接距离对非极限主动土压力合力的影响（单位: kN）　　　表 5-22

挡墙移动 s（mm）	近接距离			
	0.3m	0.4m	0.5m	0.6m
0	3.75	3.75	3.75	3.75
0.25	3.15	3.20	3.25	3.34
0.5	2.60	2.67	2.73	2.84
1.0	2.00	2.26	2.30	2.51
1.5	1.89	2.10	2.15	2.30
2.0	1.73	2.02	2.05	2.13

5.4.2 覆土厚度

在其他参数不变的前提下，覆土厚度 h_j 分别为 0.1m、0.2m、0.3m 和 0.4m，近接距离 $b=0.3m$ 保持不变，以移动挡墙位移 $0.05\%H_r$（非极限状态）、$0.1\%H_r$（非极限状态）、$0.15\%H_r$（非极限状态）和 $0.2\%H_r$（极限状态）为例，研究不同既有地下结构覆土厚度对非极限主动土压力的影响程度，具体情况如图 5-9 所示。

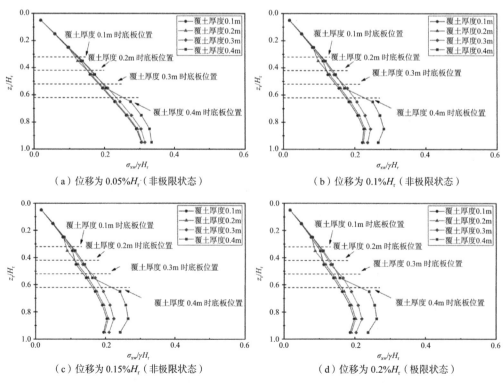

（a）位移为 $0.05\%H_r$（非极限状态）　　　（b）位移为 $0.1\%H_r$（非极限状态）

（c）位移为 $0.15\%H_r$（非极限状态）　　　（d）位移为 $0.2\%H_r$（极限状态）

图 5-9　不同覆土厚度对非极限主动土压力的影响

　　由图 5-9 可以得出，随着既有地下结构覆土厚度的增大，有限土体非极限主动土压力也随之增加，但增加幅度不是很大。随着挡墙位移的增加，不同覆土厚度下的非极限主动土压力之间的差值也逐渐变大。而且随着挡墙位移的增加，非极限主动土压力由线性增加变成了非线性增大，在挡墙底部有减小收缩的趋势。在既有地下结构底板附近，不同覆土厚度下的非极限主动土压力均有减小的趋势。

　　在其他参数不变的前提下，覆土厚度 h_j 分别为 0.1m、0.2m、0.3m 和 0.4m，近接距离 b=0.3m 保持不变，研究不同既有地下结构覆土厚度对非极限主动土压力合力的影响程度，具体情况如图 5-10 和表 5-23 所示。

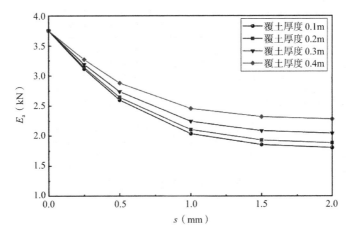

图 5-10　不同覆土厚度对非极限主动土压力合力的影响

不同覆土厚度对非极限主动土压力合力的影响（单位：kN）　　　　表 5-23

挡墙移动 s（mm）	覆土厚度			
	0.1m	0.2m	0.3m	0.4m
0	3.75	3.75	3.75	3.75
0.25	3.08	3.09	3.13	3.17
0.5	2.53	2.55	2.62	2.69
1.0	1.93	1.97	2.08	2.18
1.5	1.74	1.78	1.90	2.01
2.0	1.69	1.73	1.85	1.96

　　从图 5-10 和表 5-23 得出，覆土厚度对非极限主动土压力合力有较大的影响。在围护结构静止时，覆土厚度对主动土压力合力基本没有影响，但随着围护结构移动距离的增加，覆土厚度对非极限主动土压力数值大小影响逐渐变大。在相同的围护结构移动距离下，随着覆土厚度的增加，非极限主动土压力合力也随之变大。

5.4.3　内摩擦角

在其他参数不变的前提下（近接距离 b 取 0.46m，覆土厚度 h_j 取 0.1m），土体内摩擦角取 4 种，分别为 22°、26°、30° 和 34°，以移动挡墙位移 0.05%H_r（非极限状态）、0.1%H_r（非极限状态）、0.15%H_r（非极限状态）和 0.2%H_r（极限状态）为例，研究不同内摩擦角对非极限主动土压力的影响程度，具体情况如图 5-11 所示。

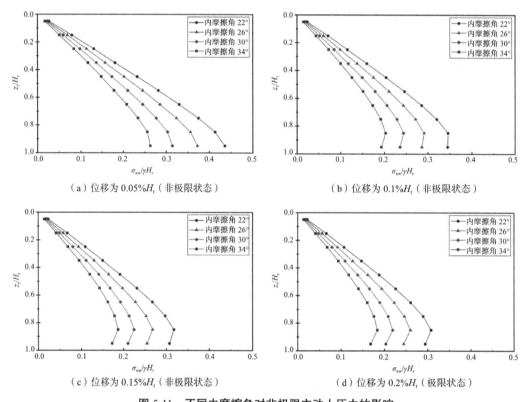

（a）位移为 0.05%H_r（非极限状态）　　（b）位移为 0.1%H_r（非极限状态）

（c）位移为 0.15%H_r（非极限状态）　　（d）位移为 0.2%H_r（极限状态）

图 5-11　不同内摩擦角对非极限主动土压力的影响

由图 5-11 可以得出，内摩擦角对非极限主动土压力有很大的影响。随着内摩擦角的增大，非极限主动土压力逐渐减小，减小的趋势主要集中在围护结构中下部位置，对围护结构上部的土压力值影响较小，在围护结构底部非极限主动土压力差值达到最大。而且随着内摩擦角的增加，围护结构底部的非极限主动土压力由线性增大变成了非线性增大。

在其他参数不变的前提下（近接距离 b 取 0.46m，覆土厚度 h_j 取 0.1m），土体内摩擦角取 4 种，分别为 22°、26°、30° 和 34°，研究不同内摩擦角对非极限主动土压力合力的影响程度，具体情况如图 5-12 和表 5-24 所示。

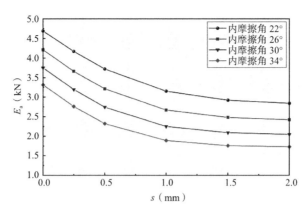

图 5-12　不同内摩擦角对非极限主动土压力合力的影响

不同内摩擦角对非极限主动土压力合力的影响（单位：kN）　　表 5-24

挡墙移动 s（mm）	内摩擦角			
	22°	26°	30°	34°
0	4.69	4.21	3.75	3.31
0.25	4.17	3.66	3.19	2.76
0.5	3.72	3.21	2.74	2.32
1.0	3.15	2.67	2.25	1.89
1.5	2.92	2.48	2.09	1.76
2.0	2.84	2.42	2.05	1.73

从图 5-12 和表 5-24 可以得出，内摩擦角对非极限主动土压力合力有较大的影响。在围护结构静止时，内摩擦角对静止土压力合力有较大影响，随着内摩擦角的增加，静止土压力逐渐变小。在相同的围护结构移动距离下，随着土体内摩擦角的加大，非极限主动土压力合力随之减小。

5.4.4　基坑深度

在其他参数不变的前提下（近接距离 b 取 0.76m，覆土厚度 h_{j} 取 0.1m），基坑深度取 4 种，分别为 0.8m、1.0m、1.2m 和 1.4m，以移动挡墙位移 0.05%H_{r}（非极限状态）、0.1%H_{r}（非极限状态）、0.15%H_{r}（非极限状态）和 0.25%H_{r}（极限状态）为例，研究不同基坑深度对非极限主动土压力的影响程度，具体情况如图 5-13 所示。

由图 5-13 可以得出，基坑深度对非极限主动土压力有很大的影响。随着基坑深度的增加，非极限主动土压力逐渐增大，增大的趋势主要集中在围护结构中下部位置，对围护结构上部的土压力值影响较小，在围护结构底部，非极限主动土压力差值达到最大。

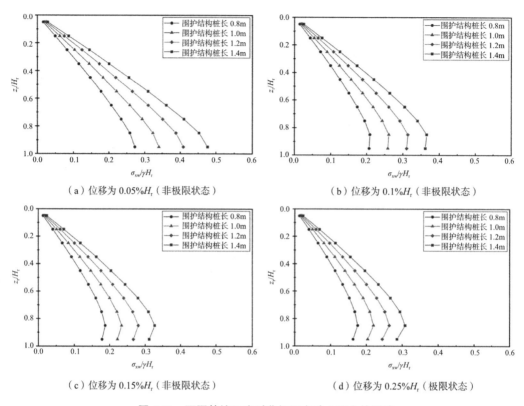

（a）位移为 0.05%H_r（非极限状态）　　　　（b）位移为 0.1%H_r（非极限状态）

（c）位移为 0.15%H_r（非极限状态）　　　　（d）位移为 0.25%H_r（极限状态）

图 5-13　不同基坑深度对非极限主动土压力的影响

在其他参数不变的前提下（近接距离 b 取 0.76m，覆土厚度 h_j 取 0.1m），基坑深度取 4 种，分别为 0.8m、1.0m、1.2m 和 1.4m，研究不同基坑深度对非极限主动土压力合力的影响程度，如图 5-14 和表 5-25 所示。

从图 5-14 和表 5-25 可以得出，基坑深度对非极限主动土压力合力有较大的影响。在围护结构静止时，基坑深度对静止土压力合力有较大影响，随着基坑深度的增加，静止土压力逐渐变大。在相同的围护结构移动距离下，随着基坑深度的增大，非极限主动土压力合力变大。

5.5　研究结论

本章提出了考虑基坑围护结构侧向位移的非极限主动土压力公式和非极限主动土压力合力公式，将计算方法与模型试验得到的试验结果进行对比验证，证明了计算方法的合理性，分析了近接距离、既有地下结构覆土厚度、土体内摩擦角和基坑深度对非极限主动土压力分布和合力的影响规律，主要得出了以下结论：

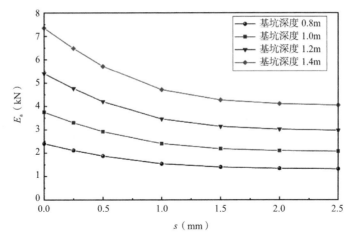

图 5-14　不同基坑深度对非极限主动土压力合力的影响

不同基坑深度对非极限主动土压力合力的影响（单位：kN）　　　　表 5-25

挡墙移动 s（mm）	基坑深度			
	0.8m	1.0m	1.2m	1.4m
0	2.40	3.75	5.40	7.35
0.25	2.11	3.30	4.76	6.48
0.5	1.87	2.92	4.20	5.71
1.0	1.54	2.40	3.46	4.71
1.5	1.40	2.18	3.14	4.27
2.0	1.34	2.10	3.02	4.11
2.5	1.32	2.07	2.97	4.05

（1）非极限主动土压力计算方法与模型试验得到的土压力均为非线性曲线。土体破坏模式一理论方法得到的土压力强度总体上比工况八试验得到的土压力强度偏小，但底部土压力强度比工况八试验得到的土压力强度偏大；土体破坏模式二理论方法在底部比试验结果偏大，在土体中上部的土压力比试验结果偏小；土体破坏模式三计算方法在中底部比试验结果偏大，在土体上部的土压力比试验结果偏小；土体破坏模式四计算方法在上部比试验结果偏大，在土体中底部的土压力比试验结果偏小，但二者的误差总体上相差不大。

（2）近接距离对非极限主动土压力分布和合力有明显的影响。在围护结构静止时，既有地下结构近接距离对非极限主动土压力分布和合力基本没有影响，但随着围护结构移动距离的增加，既有地下结构近接距离对非极限主动土压力数值大小影响越大。在相同的围护结构移动距离下，随着既有地下结构近接距离的增加，非极限主动土压力分布和合力也随之增大。

（3）覆土厚度对非极限主动土压力分布和合力有较大的影响。在围护结构静止时，覆土厚度对非极限主动土压力合力基本没有影响，但随着围护结构移动距离的增加，覆土厚度对非极限主动土压力数值大小影响逐渐变大。在相同的围护结构移动距离下，随着覆土厚度的增大，非极限主动土压力合力也随之变大。

（4）内摩擦角对非极限主动土压力分布和合力有很大的影响。随着内摩擦角的增大，非极限主动土压力逐渐减小，减小的趋势主要集中在围护结构中下部位置，对围护结构上部的土压力值影响较小，在围护结构底部，非极限主动土压力差值达到最大，而且随着内摩擦角的增加，围护结构底部的非极限主动土压力由线性增大变成了非线性增大。

（5）基坑深度对非极限主动土压力分布和合力有很大的影响。随着基坑深度的增加，非极限主动土压力逐渐增大，增大的趋势主要集中在围护结构中下部位置，对围护结构上部的土压力值影响较小，在围护结构底部，非极限主动土压力差值达到最大。

6

主动土压力合力计算简便方法研究

针对有限土体主动土压力合力计算公式复杂的问题，提出了有限土体土压力等值图概念，并给出了计算流程。结合算例，计算得到了有限土体土压力合力等值图，分析了基坑深度、既有地下结构覆土厚度、土体内摩擦角、墙-土摩擦角等参数对等值图的影响规律。结合等值图，提出有限土体土压力简便计算方法。

6.1　等值图简介

6.1.1　概念

有限土体土压力等值图是将既有地下结构不同位置处土压力合力大小相同的点连接成线的图。具体的实施步骤是：（1）计算传统半无限土体土压力合力；（2）计算既有地下结构与新建基坑任意空间位置处的有限土体土压力合力；（3）给出既有地下结构与新建基坑任意空间位置处有限土体土压力合力与传统半无限土体土压力合力的比值；（4）将相同的比值连成线，形成有限土体土压力等值图。

等值图可以很好地反映既有地下结构与新建基坑任意空间位置处作用在基坑围护结构上的土压力合力，且能给出有限土体土压力合力与半无限土体土压力合力的关系。

6.1.2　计算流程

根据上文中得到土压力公式，给出了有限土体极限土压力计算流程（图6-1），编写了有限土压力计算程序（主界面如图6-2所示），通过该程序可以得到任何工况下邻近既有地下结构的围护结构上的土压力及其合力。利用该程序求得不同近接距离 b、既有地下结构覆土厚度 h_j 条件下的土压力合力，并将相同的数值坐标连成线，形成土压力合力等值图。

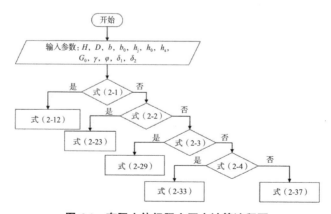

图6-1　有限土体极限土压力计算流程图

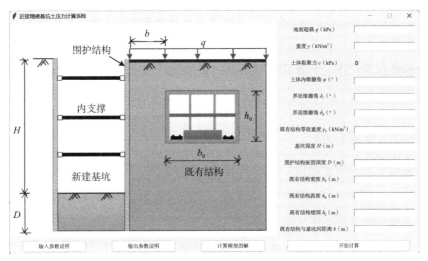

图 6-2　有限土压力计算程序主界面图

6.2　极限土压力合力等值图及其参数影响规律研究

给出一算例，其参数为：地面无超载，γ=16.2kN/m³，c=0kPa，φ=35°，δ_1=δ_2=20°，H=25m，D=5m，h_0=12.4m，b_0=21.2m，通过多组工况下（不同近接距离 b 和不同覆土深度 h_j）围护结构上的有限土体土压力合力与半无限土体的极限状态土压力合力比值绘制等值图（图 6-3）。

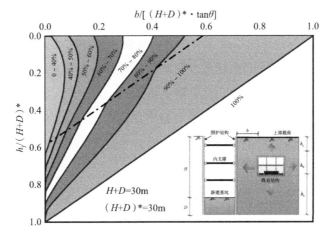

图 6-3　有限土体极限土压力合力等值图

以半无限土体界限为标准，对横纵坐标进行参数归一化处理。等值线呈非线性分布，界限处发生突变，并随着近接距离的减少、既有地下结构覆土深度的增加，突变效应减小，基坑土压力的影响区大致可简化为直角梯形形状，可用于预估基坑受到的有限土体土压力。

因此，根据等值图，可实现近接距离、既有地下结构覆土厚度对有限土体土压力合力影响规律的分析。

6.2.1   等值图结果分析

当既有地下结构覆土厚度分别为 0m、5m、10m 时，有限土体土压力合力如图 6-4 中的虚线所示。对于 h_j=0m 的同一条虚线，表示既有地下结构覆土厚度为 0m 时不同近接距离下的有限土体极限土压力合力。

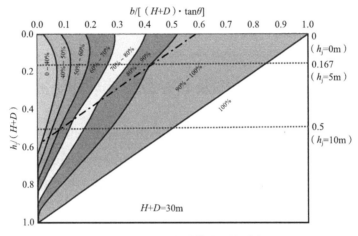

图 6-4   近接距离对等值图的影响

由图 6-4 可知，同一覆土厚度下，随着近接距离的增大，围护结构受到的土压力合力也随之增大，且等值线间距越大，说明近接距离对土压力的敏感性随着 b 增大而逐渐削弱，直到有限土体破坏模式符合前文提到的模式一时，既有地下结构的存在不再对有限土体土压力产生影响。根据既有地下结构覆土厚度为 0m、5m、10m 的计算结果，随着既有地下结构覆土厚度的增加，同一等值线间距越小，说明覆土厚度越大时近接距离对土压力的影响越大。

当近接距离分别为 1m、5m、10m 时，有限土体土压力合力如图 6-5 中的虚线所示。对于 b=1m 的同一条虚线，表示近接距离为 1m 不同覆土厚度的有限土体极限土压力合力。

由图 6-5 可知，随着既有地下结构覆土厚度的增加，有限土体土压力合力整体逐渐变大。当近接距离较大时（大于 5m），随着既有地下结构覆土厚度的增加，有限土体土压力合力随之增加。当近接距离较小时（小于 5m），有限土体土压力合力随着既有地下结构覆土厚度的增加，有限土体土压力合力随之先减少再增加。

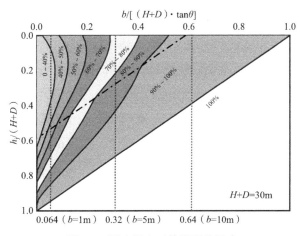

图 6-5 覆土厚度对等值图的影响

6.2.2 参数影响分析

1. 基坑深度

通过改变基坑深度，保证插入比为 5∶1 不变，基坑深度取为 5 种，分别为 16.7m、20.8m、29.2m 和 33.4m，嵌固深度分别为 3.3m、4.2m、5.8m 和 6.6m，对应的以上工况桩长分别为 20m、25m、35m、40m，分析基坑深度对极限土压力合力的影响规律，如图 6-6 所示。

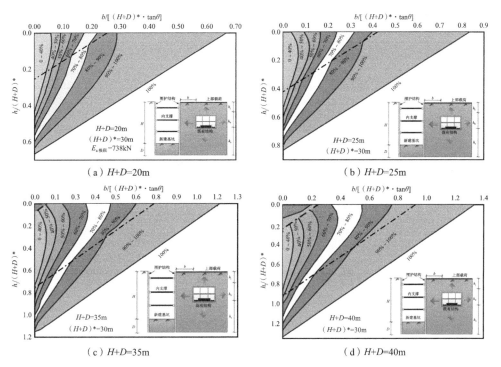

图 6-6 基坑深度对等值图的影响

由图 6-6 可知，随着基坑深度的增加，有限土体土压力合力增长速率较快。当围护结构深度增加到一定程度且近接距离和既有地下结构覆土厚度很小时，土压力突然增大。主要是由于滑移面形状改变后使得滑动土体的面积增大。

2. 土体内摩擦角

选取内摩擦角分别为 25°、30°、35°、40° 的情况，在其他参数不变的情况下分析内摩擦角对有限土体极限土压力合力的影响规律，如图 6-7 所示。

如图 6-7 可知，不同合力大小对于内摩擦角的改变出现了类似等比的影响，当合力为 $0.4E_{a极限}$（$E_{a极限}$ 为半无限土体极限土压力合力）时，影响特别微弱。随着合力的增大，影响也越来越强。同时，同一位置处相同 φ 差值改变对土压力影响一致。当 h_j 越大时，相同 φ 差值改变对土压力影响越来越小。

3. 墙 - 土摩擦角

在其他参数不变的情况下，选取墙 - 土摩擦角分别为 12°、16°、20°、24° 的情况，分析墙 - 土摩擦角对有限土体极限土压力合力的影响规律，如图 6-8 所示。

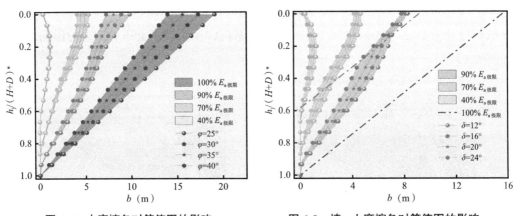

图 6-7　内摩擦角对等值图的影响　　　　图 6-8　墙 - 土摩擦角对等值图的影响

由图 6-8 可知，相较于内摩擦角，墙 - 土摩擦角对等值图的影响较小。随着界面摩擦角的减小，等值线发生类似向左的移动。

6.3　非极限土压力合力等值图及其参数影响规律研究

以前述算例为例，其参数同第 6.2 节算例参数。结合提出的非极限主动土压力理论计算方法，以土体位移 u=0.2mm 为例，给出通过多组工况下（不同近接距离 b 和既有地下结构覆土厚度 h_j）围护结构上的有限土体土压力合力与半无限土体的静止土压

力合力 E_{na} 比值绘制等值图（图 6-9）。

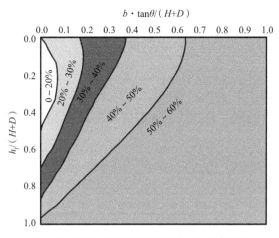

图 6-9　有限土体非极限土压力合力等值图

以半无限土体界限为标准，对横纵坐标进行参数归一化处理。等值线呈非线性分布，并随着近接距离与既有地下结构覆土厚度的增加，土压力合力逐渐增大。与极限土压力合力等值图相比，等值线分布较为疏松且最大值不超过 $0.6E_{na}$。

6.3.1　等值图结果分析

以土体位移 0.2mm 为例，给出有限土体非极限土压力合理等值图的分析。

当既有地下结构覆土厚度分别为 0m、5m、10m 时，非极限有限土体土压力合力如图 6-10 中的红线所示。对于 h_j=0m 的同一条红线，表示既有地下结构覆土厚度为 0m 时不同近接距离下的有限土体非极限土压力合力。

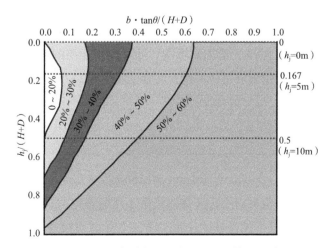

图 6-10　近接距离对非极限有限土压力等值图的影响

由图 6-10 可知，同一既有地下结构覆土厚度下，随着近接距离的增加，围护结构受到的有限土体非极限土压力逐渐增大，且等值线间距越大，说明近接距离对土压力的敏感性随着 b 增大而逐渐削弱。与极限土压力合力等值图相比，随着覆土厚度的增加，红线穿过的等值区间越少，说明覆土厚度越大时近接距离对土压力的影响越小。

当近接距离分别为 1m、5m、10m 时，非极限有限土体土压力合力如图 6-11 中的红线所示。对于 $b=1$m 的同一条红线，表示近接距离为 1m 时不同覆土厚度下有限土体非极限土压力合力。

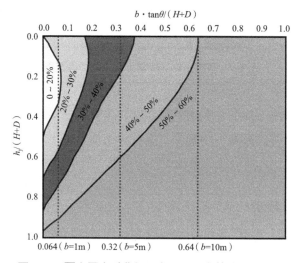

图 6-11　覆土厚度对非极限有限土压力等值图的影响

由图 6-11 可知，当既有地下结构距基坑水平距离较小时（近接距离小于 1m），围护结构受到的有限土体非极限土压力合力随着覆土厚度的增加，先减小后增大。当既有地下结构距基坑水平距离较大时（近接距离大于 1m），围护结构受到的有限土体非极限土压力合力随着覆土厚度的增加而增大。随着近接距离的增加，红线穿过的等值区间越少，说明近接距离越大时覆土厚度对土压力的影响越小。

6.3.2　参数影响分析

1. 土体位移

选取土体位移分别为 0.05mm、0.1mm、0.15mm、0.2mm 的情况，在其他参数不变的情况下分析有限土体位移对有限土体非极限土压力合力的影响（图 6-12）。

由图 6-12 可知，随着土体位移的增加，有限土体非极限土压力合力在逐渐减小，符合主动土压力随着土体位移的增大而减小的规律。当土体位移从 0.05mm 变为 0.1mm

时，土压力合力减小较快，从 0.1mm 变为 0.2mm 的过程中，土压力合力减小较为缓慢。

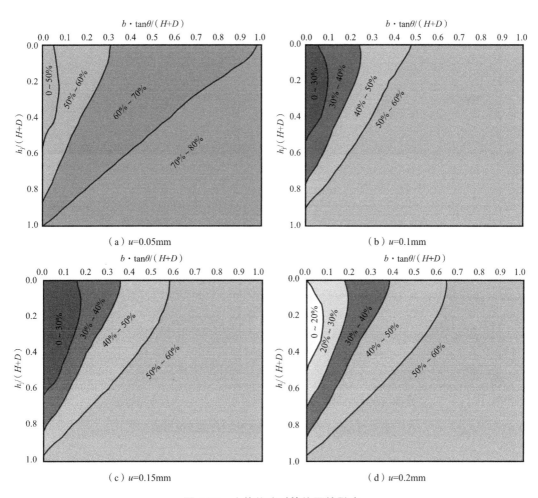

图 6-12　土体位移对等值图的影响

2. 基坑深度

通过改变基坑深度，保持插入比为 5：1，基坑深度取为 4 种，分别为 12.5m、17.5m、20.8m 和 25m，嵌固深度分别为 2.5m、3.5m、4.2m 和 5m，$H+D$ 分别为 15m、21m、25m、30m。每种基坑深度中分别计算 u=0.05mm、0.1mm、0.15mm、0.2mm 这 4 种土体位移下的土压力合力，分析基坑深度对非极限土压力合力的影响（图 6-13）。

由图 6-13 ~ 图 6-16 可知，在同一土体位移下，随着基坑深度的增加，有限土体土压力合力逐渐减小。随着围护结构长度的增加，滑移面起点逐渐向下移动，故各等值线起点逐渐向下靠拢。

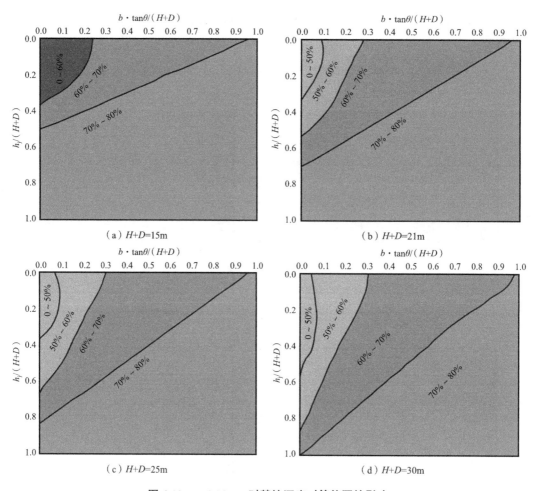

图 6-13　u=0.05mm 时基坑深度对等值图的影响

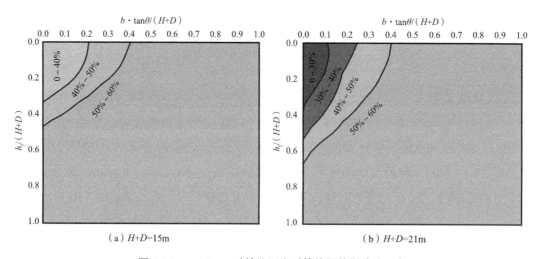

图 6-14　u=0.1mm 时基坑深度对等值图的影响（一）

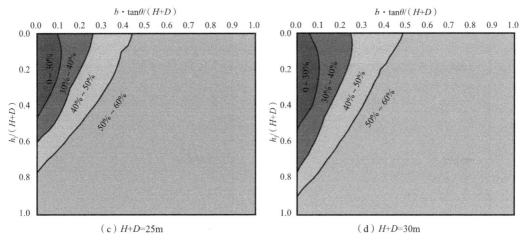

图 6-14　u=0.1mm 时基坑深度对等值图的影响（二）

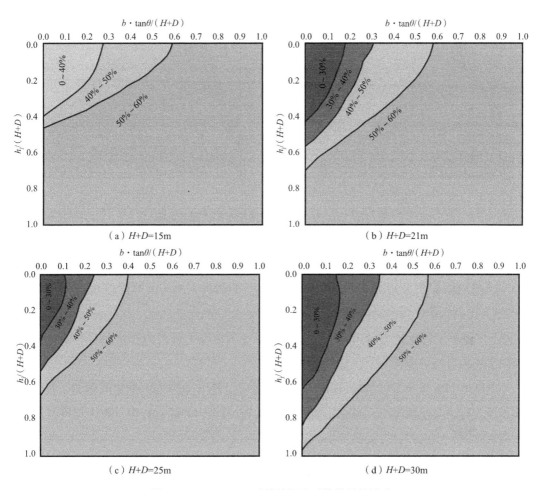

图 6-15　u=0.15mm 时基坑深度对等值图的影响

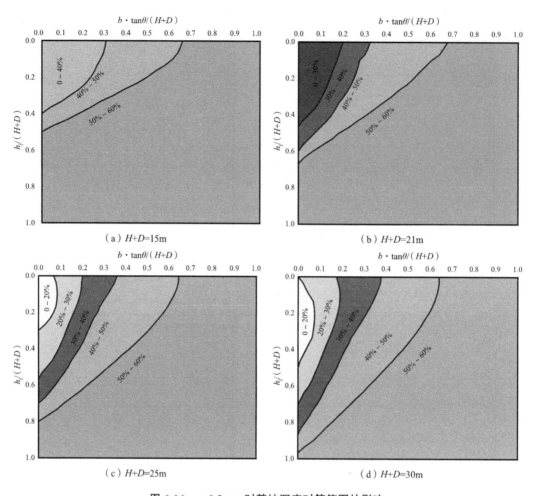

图 6-16　u=0.2mm 时基坑深度对等值图的影响

3. 土体内摩擦角

选取内摩擦角分别为 25°、30°、35°、40° 的情况，墙 - 土摩擦角仍按（$\delta_1/\varphi=\delta_2/\varphi$=2/3）比例选取，每种内摩擦角中分别计算 u=0.05mm、0.1mm、0.15mm、0.2mm 这 4 种土体位移下的土压力合力，在其他参数不变的情况下分析内摩擦角对有限土体非极限土压力合力的影响。

由图 6-17 ~ 图 6-20 可知，在同一土体位移下，随着土体内摩擦角的增加，有限土体土压力合力在逐渐减小，且在土体摩擦角从 35° 变为 40° 的过程中，覆土厚度与近接距离较大时，土压力合力突然变小。

整合图 6-20 中各个内摩擦角对等值图的影响，得出的结果如图 6-21 所示。

由图 6-21 可知，φ 在 25° ~ 35° 范围内时，内摩擦角对有限土体土压力合力影响并不大，φ 在 35° ~ 40° 范围内时，内摩擦角对有限土体土压力合力影响较大。

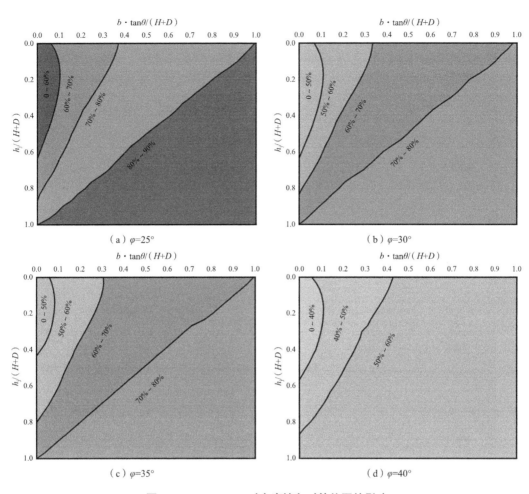

图 6-17　*u*=0.05mm 时内摩擦角对等值图的影响

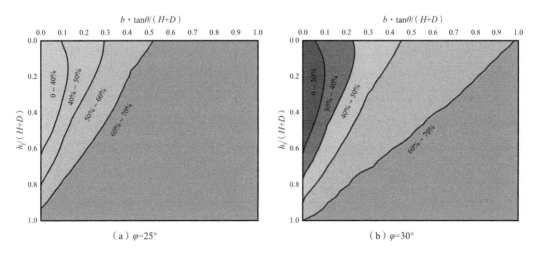

图 6-18　*u*=0.1mm 时内摩擦角对等值图的影响（一）

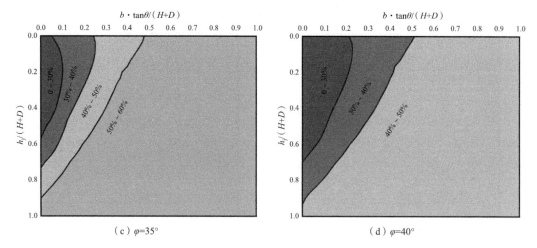

图 6-18 $u=0.1$mm 时内摩擦角对等值图的影响（二）

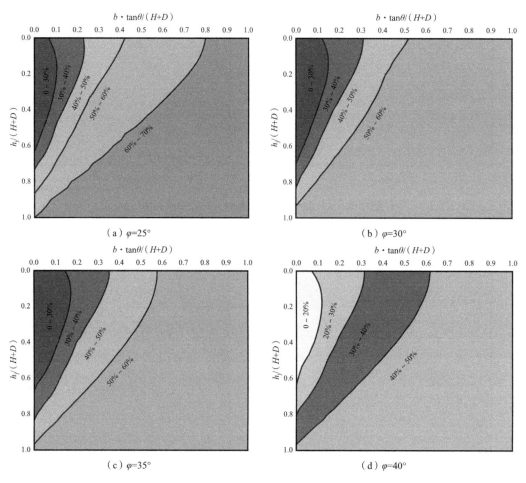

图 6-19 $u=0.15$mm 时内摩擦角对等值图的影响

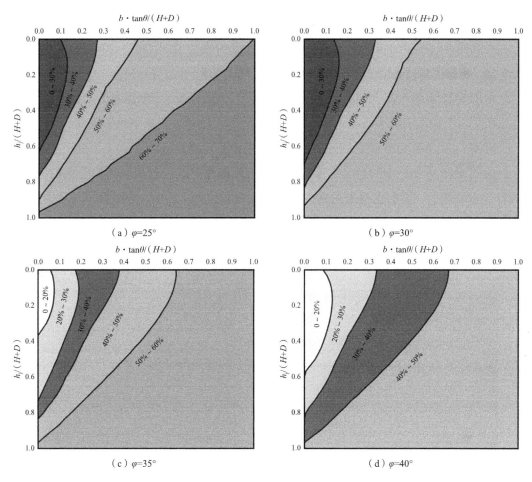

图 6-20　$u=0.2$mm 时内摩擦角对等值图的影响

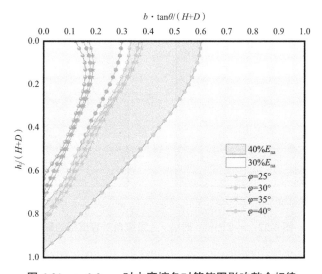

图 6-21　$u=0.2$mm 时内摩擦角对等值图影响整合规律

4. 墙 - 土摩擦角

在其他参数不变的情况下，选取墙 - 土摩擦角分别为 12°、16°、20°、24° 的情况，分析墙 - 土摩擦角对有限土体非极限土压力合力的规律。

由图 6-22 ~ 图 6-25 可知，在同一土体位移下，随着墙 - 土摩擦角的增加，有限土体土压力合力在逐渐减小，与土体内摩擦角相比，土压力合力减小较为缓慢。

对图 6-24 和图 6-25 整合处理后，得出结果如图 6-26 所示。

由图 6-26 可知，不同合力大小对于墙 - 土摩擦角的改变出现了类似等比的影响，随着合力的增大，影响也越来越强。与内摩擦角相比，不同墙 - 土摩擦角对合力的影响较为平均。随着土体位移的增大，等值线发生类似向右的移动。

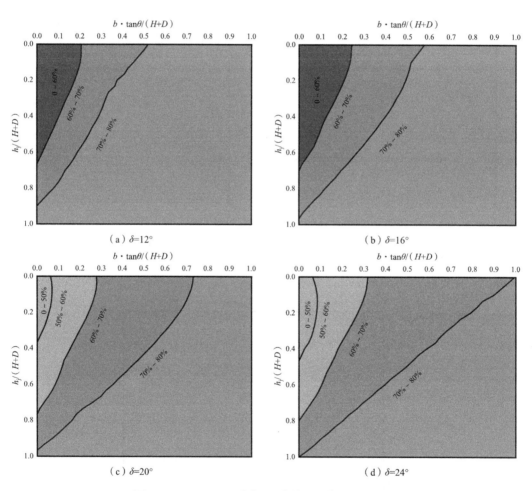

图 6-22　u=0.05mm 时墙 - 土摩擦角对等值图的影响

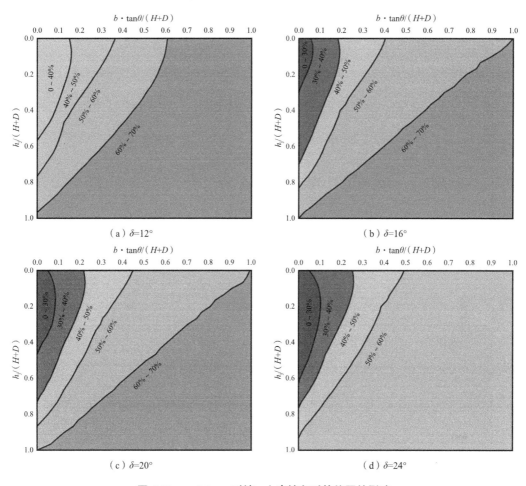

图 6-23　u=0.1mm 时墙 - 土摩擦角对等值图的影响

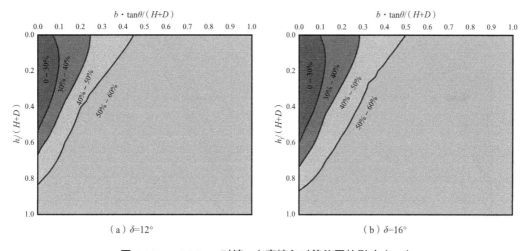

图 6-24　u=0.15mm 时墙 - 土摩擦角对等值图的影响（一）

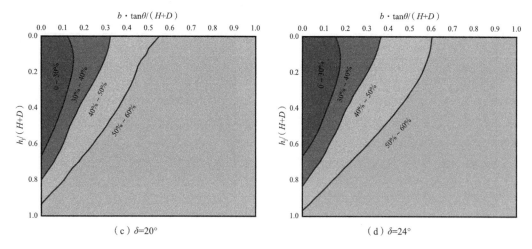

图 6-24 u=0.15mm 时墙 - 土摩擦角对等值图的影响（二）

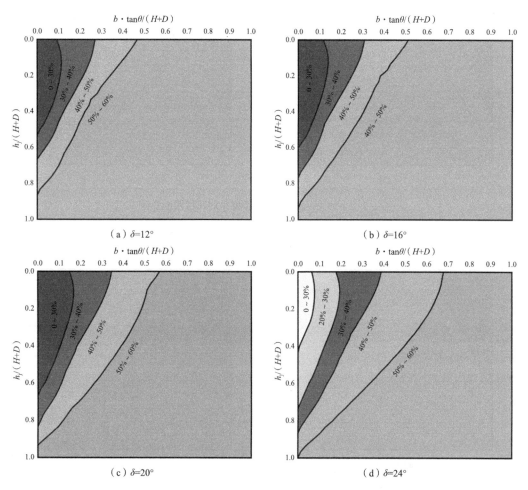

图 6-25 u=0.2mm 时墙 - 土摩擦角对等值图的影响

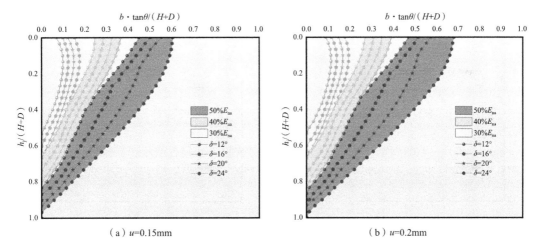

（a）u=0.15mm　　　　　　　（b）u=0.2mm

图 6-26　墙 - 土摩擦角对等值图影响整合规律

6.4　简便计算方法提出

对主动土压力强度公式进行相应的积分，可得出对应的主动土压力合力公式。

$$E_{na} = \int_0^{H+D} p_n dz = (1-k_n) \int_0^{H+D} p_0 dz + k_n \int_0^{H+D} p_a dz$$

$$= (1-k_n)(1-\sin\varphi)\gamma \int_0^{H+D} z dz + k_n \int_0^{H+D} k_a \left[m(H+D-z)^{a_1} + \frac{\gamma(H+D-z)}{a_1-1} \right] dz \quad （6-1）$$

$$= (1-k_n)(1-\sin\varphi)\frac{\gamma}{2}(H+D)^2 + k_n \left[\frac{k_a\gamma(H+D)^2}{2(a_1-1)} + \frac{k_a m(H+D)^{a_1+1}}{a_1+1} \right]$$

为了简化有限土体土压力合力计算公式，在上述土压力合力的基础上，乘以一个有限土体土压力合力空间位置关系系数，提出有限土体土压力合力简便计算方法：

$$E_b = \lambda \cdot E_{na} \quad （6-2）$$

式中，λ 为有限土体主动土压力合力空间位置关系系数。

以基坑围护结构 $H+D$=30m，近接距离 b=6m，既有地铁车站覆土厚度 h_j=6m，土体位移 u 分别为 0.15%u_{max}、0.2%u_{max} 为例，给出 λ 建议取值的由来（图 6-27）。

当满足以上参数时，根据上述研究结果，参考图 6-27，以上参数条件下有限土体土压力合力落在 40% ~ 50% 区域，取 λ=0.5。

根据以上原理，绘制了 λ 建议取值表，具体见表 6-1 ~ 表 6-16。其中，u=0.05%u_{max}、0.1%u_{max}、0.15%u_{max} 表示非极限土压力，u=0.2%u_{max} 表示极限土压力。

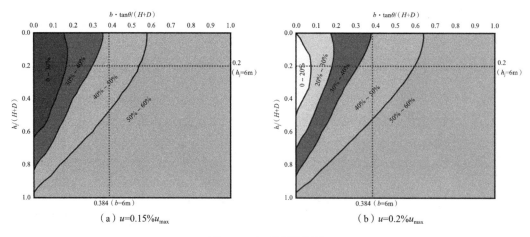

图 6-27　λ 建议取值图

$u=0.05\%u_{max}$、$H+D=15\text{m}$ 时空间位置关系系数 λ 建议值　　　　表 6-1

项目	b（m）							
	1	2	3	4	5	6	7	≥ 8
$h_j=3\text{m}$	0.6	0.7	0.7	0.7	0.7	0.7	0.8	0.8
$h_j=6\text{m}$	0.6	0.7	0.7	0.7	0.8	0.8	0.8	0.8
$h_j=9\text{m}$	0.7	0.7	0.7	0.8	0.8	0.8	0.8	0.8
$h_j=12\text{m}$	0.7	0.8	0.8	0.8	0.8	0.8	0.8	0.8
$h_j \geqslant 15\text{m}$	0.8	0.8	0.8	0.8	0.8	0.8	0.8	0.8

$u=0.1\%u_{max}$、$H+D=15\text{m}$ 时空间位置关系系数 λ 建议值　　　　表 6-2

项目	b（m）							
	1	2	3	4	5	6	7	≥ 8
$h_j=3\text{m}$	0.4	0.5	0.6	0.6	0.6	0.6	0.6	0.6
$h_j=6\text{m}$	0.4	0.5	0.6	0.6	0.6	0.6	0.6	0.6
$h_j=9\text{m}$	0.5	0.6	0.6	0.6	0.6	0.6	0.6	0.6
$h_j=12\text{m}$	0.6	0.6	0.6	0.6	0.6	0.6	0.6	0.6
$h_j \geqslant 15\text{m}$	0.6	0.6	0.6	0.6	0.6	0.6	0.6	0.6

$u=0.15\%u_{max}$、$H+D=15\text{m}$ 时空间位置关系系数 λ 建议值　　　　表 6-3

项目	b（m）							
	1	2	3	4	5	6	7	≥ 8
$h_j=3\text{m}$	0.3	0.5	0.5	0.5	0.6	0.6	0.6	0.6
$h_j=6\text{m}$	0.4	0.5	0.5	0.6	0.6	0.6	0.6	0.6
$h_j=9\text{m}$	0.5	0.5	0.6	0.6	0.6	0.6	0.6	0.6
$h_j=12\text{m}$	0.5	0.6	0.6	0.6	0.6	0.6	0.6	0.6
$h_j \geqslant 15\text{m}$	0.6	0.6	0.6	0.6	0.6	0.6	0.6	0.6

$u=0.2\%u_{max}$、$H+D=15m$ 时空间位置关系系数 λ 建议值　　表 6-4

项目	b（m）							
	1	2	3	4	5	6	7	≥8
$h_j=3m$	0.3	0.4	0.5	0.5	0.6	0.6	0.6	0.6
$h_j=6m$	0.4	0.5	0.5	0.6	0.6	0.6	0.6	0.6
$h_j=9m$	0.4	0.5	0.6	0.6	0.6	0.6	0.6	0.6
$h_j=12m$	0.5	0.6	0.6	0.6	0.6	0.6	0.6	0.6
$h_j ≥ 15m$	0.6	0.6	0.6	0.6	0.6	0.6	0.6	0.6

$u=0.05\%u_{max}$、$H+D=21m$ 时空间位置关系系数 λ 建议值　　表 6-5

项目	b（m）										
	1	2	3	4	5	6	7	8	9	10	≥11
$h_j=3m$	0.5	0.6	0.7	0.7	0.7	0.7	0.7	0.7	0.7	0.8	0.8
$h_j=6m$	0.6	0.6	0.7	0.7	0.7	0.7	0.7	0.8	0.8	0.8	0.8
$h_j=9m$	0.6	0.7	0.7	0.7	0.7	0.7	0.8	0.8	0.8	0.8	0.8
$h_j=12m$	0.6	0.7	0.7	0.7	0.8	0.8	0.8	0.8	0.8	0.8	0.8
$h_j=15m$	0.7	0.7	0.7	0.8	0.8	0.8	0.8	0.8	0.8	0.8	0.8
$h_j=18m$	0.7	0.8	0.8	0.8	0.8	0.8	0.8	0.8	0.8	0.8	0.8
$h_j ≥ 21m$	0.8	0.8	0.8	0.8	0.8	0.8	0.8	0.8	0.8	0.8	0.8

$u=0.1\%u_{max}$、$H+D=21m$ 时空间位置关系系数 λ 建议值　　表 6-6

项目	b（m）										
	1	2	3	4	5	6	7	8	9	10	≥11
$h_j=3m$	0.3	0.4	0.5	0.5	0.6	0.6	0.6	0.6	0.6	0.6	0.6
$h_j=6m$	0.4	0.5	0.5	0.6	0.6	0.6	0.6	0.6	0.6	0.6	0.6
$h_j=9m$	0.4	0.5	0.5	0.6	0.6	0.6	0.6	0.6	0.6	0.6	0.6
$h_j=12m$	0.5	0.5	0.6	0.6	0.6	0.6	0.6	0.6	0.6	0.6	0.6
$h_j=15m$	0.5	0.6	0.6	0.6	0.6	0.6	0.6	0.6	0.6	0.6	0.6
$h_j=18m$	0.6	0.6	0.6	0.6	0.6	0.6	0.6	0.6	0.6	0.6	0.6
$h_j ≥ 21m$	0.6	0.6	0.6	0.6	0.6	0.6	0.6	0.6	0.6	0.6	0.6

$u=0.15\%u_{max}$、$H+D=21m$ 时空间位置关系系数 λ 建议值　　表 6-7

项目	b（m）										
	1	2	3	4	5	6	7	8	9	10	≥11
$h_j=3m$	0.3	0.4	0.5	0.5	0.5	0.5	0.6	0.6	0.6	0.6	0.6
$h_j=6m$	0.3	0.4	0.5	0.5	0.5	0.6	0.6	0.6	0.6	0.6	0.6
$h_j=9m$	0.3	0.4	0.5	0.5	0.5	0.6	0.6	0.6	0.6	0.6	0.6
$h_j=12m$	0.4	0.5	0.5	0.6	0.6	0.6	0.6	0.6	0.6	0.6	0.6

续表

项目	b（m）										
	1	2	3	4	5	6	7	8	9	10	≥ 11
h_j=15m	0.5	0.5	0.6	0.6	0.6	0.6	0.6	0.6	0.6	0.6	0.6
h_j=18m	0.6	0.6	0.6	0.6	0.6	0.6	0.6	0.6	0.6	0.6	0.6
h_j ≥ 21m	0.6	0.6	0.6	0.6	0.6	0.6	0.6	0.6	0.6	0.6	0.6

u=0.2%u_{max}、$H+D$=21m 时空间位置关系系数 λ 建议值　　　表 6-8

项目	b（m）										
	1	2	3	4	5	6	7	8	9	10	≥ 11
h_j=3m	0.3	0.3	0.4	0.5	0.5	0.5	0.5	0.6	0.6	0.6	0.6
h_j=6m	0.3	0.4	0.5	0.5	0.5	0.6	0.6	0.6	0.6	0.6	0.6
h_j=9m	0.3	0.4	0.5	0.6	0.6	0.6	0.6	0.6	0.6	0.6	0.6
h_j=12m	0.4	0.5	0.5	0.6	0.6	0.6	0.6	0.6	0.6	0.6	0.6
h_j=15m	0.5	0.5	0.6	0.6	0.6	0.6	0.6	0.6	0.6	0.6	0.6
h_j=18m	0.5	0.6	0.6	0.6	0.6	0.6	0.6	0.6	0.6	0.6	0.6
h_j ≥ 21m	0.6	0.6	0.6	0.6	0.6	0.6	0.6	0.6	0.6	0.6	0.6

u=0.05%u_{max}、$H+D$=25m 时空间位置关系系数 λ 建议值　　　表 6-9

项目	b（m）						
	1	3	5	7	9	11	≥ 13
h_j=3m	0.5	0.6	0.7	0.7	0.7	0.7	0.8
h_j=6m	0.5	0.6	0.7	0.7	0.7	0.8	0.8
h_j=9m	0.6	0.6	0.7	0.7	0.8	0.8	0.8
h_j=12m	0.6	0.7	0.7	0.8	0.8	0.8	0.8
h_j=15m	0.6	0.7	0.7	0.8	0.8	0.8	0.8
h_j=18m	0.7	0.7	0.8	0.8	0.8	0.8	0.8
h_j=21m	0.7	0.8	0.8	0.8	0.8	0.8	0.8
h_j ≥ 24m	0.8	0.8	0.8	0.8	0.8	0.8	0.8

u=0.1%u_{max}、$H+D$=25m 时空间位置关系系数 λ 建议值　　　表 6-10

项目	b（m）						
	1	3	5	7	9	11	≥ 13
h_j=3m	0.3	0.4	0.5	0.6	0.6	0.6	0.6
h_j=6m	0.3	0.5	0.6	0.6	0.6	0.6	0.6
h_j=9m	0.4	0.5	0.6	0.6	0.6	0.6	0.6
h_j=12m	0.4	0.5	0.6	0.6	0.6	0.6	0.6
h_j=15m	0.5	0.6	0.6	0.6	0.6	0.6	0.6

项目	b（m）						
	1	3	5	7	9	11	≥ 13
h_j=18m	0.5	0.6	0.6	0.6	0.6	0.6	0.6
h_j=21m	0.6	0.6	0.6	0.6	0.6	0.6	0.6
h_j ≥ 24m	0.6	0.6	0.6	0.6	0.6	0.6	0.6

u=0.15%u_{max}、$H+D$=25m 时空间位置关系系数 λ 建议值　　　　表 6-11

项目	b（m）						
	1	3	5	7	9	11	≥ 13
h_j=3m	0.3	0.4	0.5	0.5	0.6	0.6	0.6
h_j=6m	0.3	0.4	0.5	0.6	0.6	0.6	0.6
h_j=9m	0.3	0.5	0.5	0.6	0.6	0.6	0.6
h_j=12m	0.3	0.5	0.6	0.6	0.6	0.6	0.6
h_j=15m	0.4	0.5	0.6	0.6	0.6	0.6	0.6
h_j=18m	0.5	0.6	0.6	0.6	0.6	0.6	0.6
h_j=21m	0.5	0.6	0.6	0.6	0.6	0.6	0.6
h_j ≥ 24m	0.6	0.6	0.6	0.6	0.6	0.6	0.6

u=0.2%u_{max}、$H+D$=25m 时空间位置关系系数 λ 建议值　　　　表 6-12

项目	b（m）						
	1	3	5	7	9	11	≥ 13
h_j=3m	0.2	0.4	0.5	0.5	0.6	0.6	0.6
h_j=6m	0.2	0.4	0.5	0.5	0.6	0.6	0.6
h_j=9m	0.3	0.5	0.5	0.6	0.6	0.6	0.6
h_j=12m	0.3	0.5	0.5	0.6	0.6	0.6	0.6
h_j=15m	0.4	0.5	0.6	0.6	0.6	0.6	0.6
h_j=18m	0.5	0.6	0.6	0.6	0.6	0.6	0.6
h_j=21m	0.5	0.6	0.6	0.6	0.6	0.6	0.6
h_j ≥ 24m	0.6	0.6	0.6	0.6	0.6	0.6	0.6

u=0.05%u_{max}、$H+D$=30m 时空间位置关系系数 λ 建议值　　　　表 6-13

项目	b（m）								
	1	3	5	7	9	11	13	15	≥ 17
h_j=3m	0.5	0.6	0.7	0.7	0.7	0.7	0.7	0.8	0.8
h_j=6m	0.5	0.6	0.7	0.7	0.7	0.7	0.8	0.8	0.8
h_j=9m	0.5	0.6	0.7	0.7	0.7	0.8	0.8	0.8	0.8
h_j=12m	0.6	0.7	0.7	0.7	0.7	0.8	0.8	0.8	0.8

续表

项目	b（m）								
	1	3	5	7	9	11	13	15	≥17
h_j=15m	0.6	0.7	0.7	0.7	0.8	0.8	0.8	0.8	0.8
h_j=18m	0.6	0.7	0.7	0.8	0.8	0.8	0.8	0.8	0.8
h_j=21m	0.7	0.7	0.8	0.8	0.8	0.8	0.8	0.8	0.8
h_j=24m	0.7	0.7	0.8	0.8	0.8	0.8	0.8	0.8	0.8
h_j=27m	0.7	0.8	0.8	0.8	0.8	0.8	0.8	0.8	0.8
h_j ≥ 30m	0.8	0.8	0.8	0.8	0.8	0.8	0.8	0.8	0.8

$u=0.1\%u_{max}$、$H+D$=30m 时空间位置关系系数 λ 建议值　　　表 6-14

项目	b（m）								
	1	3	5	7	9	11	13	15	≥17
h_j=3m	0.3	0.4	0.5	0.6	0.6	0.6	0.6	0.6	0.6
h_j=6m	0.3	0.4	0.5	0.6	0.6	0.6	0.6	0.6	0.6
h_j=9m	0.3	0.5	0.5	0.6	0.6	0.6	0.6	0.6	0.6
h_j=12m	0.3	0.5	0.6	0.6	0.6	0.6	0.6	0.6	0.6
h_j=15m	0.4	0.5	0.6	0.6	0.6	0.6	0.6	0.6	0.6
h_j=18m	0.4	0.5	0.6	0.6	0.6	0.6	0.6	0.6	0.6
h_j=21m	0.5	0.6	0.6	0.6	0.6	0.6	0.6	0.6	0.6
h_j=24m	0.5	0.6	0.6	0.6	0.6	0.6	0.6	0.6	0.6
h_j=27m	0.6	0.6	0.6	0.6	0.6	0.6	0.6	0.6	0.6
h_j ≥ 30m	0.6	0.6	0.6	0.6	0.6	0.6	0.6	0.6	0.6

$u=0.15\%u_{max}$、$H+D$=30m 时空间位置关系系数 λ 建议值　　　表 6-15

项目	b（m）								
	1	3	5	7	9	11	13	15	≥17
h_j=3m	0.3	0.4	0.4	0.5	0.6	0.6	0.6	0.6	0.6
h_j=6m	0.3	0.4	0.5	0.5	0.6	0.6	0.6	0.6	0.6
h_j=9m	0.3	0.4	0.5	0.5	0.6	0.6	0.6	0.6	0.6
h_j=12m	0.3	0.4	0.5	0.6	0.6	0.6	0.6	0.6	0.6
h_j=15m	0.3	0.5	0.5	0.6	0.6	0.6	0.6	0.6	0.6
h_j=18m	0.4	0.5	0.6	0.6	0.6	0.6	0.6	0.6	0.6
h_j=21m	0.4	0.5	0.6	0.6	0.6	0.6	0.6	0.6	0.6
h_j=24m	0.5	0.6	0.6	0.6	0.6	0.6	0.6	0.6	0.6
h_j=27m	0.6	0.6	0.6	0.6	0.6	0.6	0.6	0.6	0.6
h_j ≥ 30m	0.6	0.6	0.6	0.6	0.6	0.6	0.6	0.6	0.6

$u=0.2\%u_{max}$、$H+D=30m$ 时空间位置关系系数 λ 建议值　　表 6-16

项目	b（m）								
	1	3	5	7	9	11	13	15	$\geq$ 17
h_j=3m	0.3	0.4	0.4	0.5	0.5	0.6	0.6	0.6	0.6
h_j=6m	0.2	0.4	0.5	0.5	0.5	0.6	0.6	0.6	0.6
h_j=9m	0.2	0.4	0.5	0.5	0.6	0.6	0.6	0.6	0.6
h_j=12m	0.3	0.4	0.5	0.5	0.6	0.6	0.6	0.6	0.6
h_j=15m	0.3	0.5	0.5	0.6	0.6	0.6	0.6	0.6	0.6
h_j=18m	0.4	0.5	0.6	0.6	0.6	0.6	0.6	0.6	0.6
h_j=21m	0.4	0.5	0.6	0.6	0.6	0.6	0.6	0.6	0.6
h_j=24m	0.5	0.6	0.6	0.6	0.6	0.6	0.6	0.6	0.6
h_j=27m	0.6	0.6	0.6	0.6	0.6	0.6	0.6	0.6	0.6
$h_j \geq$ 30m	0.6	0.6	0.6	0.6	0.6	0.6	0.6	0.6	0.6

6.5　研究结论

针对有限土体主动土压力合力计算公式复杂的问题，提出了有限土体土压力等值图概念，并给出了计算流程。结合算例，计算得到了有限土体土压力合力等值图，分析了基坑深度、既有地下结构覆土厚度、土体内摩擦角、墙 - 土摩擦角等参数对等值图的影响规律。结合等值图，提出有限土体土压力简便计算方法。通过以上研究，得到以下结论：

（1）极限土压力合力等值图与非极限土压力合力等值图中等值线均呈非线性分布。

（2）针对极限土压力合力等值图，随着近接距离的增加，主动土压力逐渐增大；随着既有地下结构覆土厚度的增加，靠近基坑的时候主动土压力逐渐增大，远离基坑侧的主动土压力先增大后减小最后增大；基坑深度对主动土压力影响大，内摩擦角对主动土压力有影响，墙 - 土摩擦角对主动土压力基本上没有影响。

（3）针对非极限土压力合力等值图，随着近接距离的增加，主动土压力逐渐增大；随着既有地下结构覆土厚度的增加，靠近基坑的时候主动土压力先增大后减小最后增大，远离基坑侧的主动土压力逐渐增大；土体位移较小时，对主动土压力影响较大，土体位移较大时，对主动土压力影响较小；基坑深度对主动土压力影响大；内摩擦角较小时，对主动土压力影响较小，内摩擦角较大时，对主动土压力影响较大；墙 - 土摩擦角相较于内摩擦角，对主动土压力影响较小。

（4）建立了有限土体主动土压力合力简便计算方法，给出了有限土体主动土压力合力空间位置关系系数建议值。

7

基于有限土体土压力理论近接基坑
围护结构优化研究

基于提出的有限土体土压力理论，采用弹性支点法，研究近接基坑围护结构的力学特性，探究土压力类型（静止土压力、非极限土压力、极限土压力）、模型对称性（对称模型、非对称模型）、桩直径、桩间距、桩长等参数对围护结构力学特性的影响规律，以静止土压力围护结构力学特性计算结果为基准，优化围护结构设计参数。

7.1　弹性支点法

弹性支点法原理是将基坑围护结构内支撑和基坑内土体等效为弹簧，在使用弹性支点法计算时，结构系统可比作多个支点连接的刚性体系，支点也分为弹性支点和刚性支点。

弹性支点法一般采用朗肯土压力理论或库伦土压力理论等经典土压力理论计算，能客观反映支护结构受力情况，可以较为简便地计算其变形和内力。利用上文推导的有限土体土压力理论公式，内支撑和基坑开挖面以下的土层采用弹性支撑来进行模拟，如图 7-1 所示。

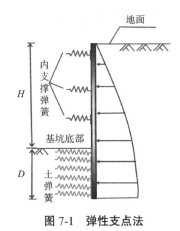

图 7-1　弹性支点法

7.2　荷载－结构模型

7.2.1　模型尺寸与边界条件

模型尺寸：基坑开挖深度 H 为 15m，围护结构嵌固深度 D 为 6m；基坑开挖宽度为 15m；土体破坏模式二模型既有地下结构与基坑围护结构之间的近接距离 b 为 3m，既有地下结构覆土厚度 h_i 为 2m；基坑围护结构为钻孔灌注桩，桩长为 21m，桩间距为

1m，桩直径为 1m；内支撑选取钢支撑（直径为 609mm，壁厚为 16mm），纵向间距为 3m，内支撑分布于竖向深度 1m、6m、11m 处。既有地下结构的长度 b_0 为 16.5m，宽度 h_0 为 10.8m。模型如图 7-2 所示。

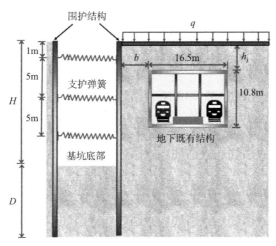

图 7-2 模型示意图

边界条件：围护结构底部采用竖向约束；荷载弹簧固定端距离围护结构 12m，埋深与荷载弹簧一致，其位置固定。

7.2.2 材料参数

基坑围护结构材料为 C35 混凝土，弹性模量 E_1 为 3×10^{10}N/m²，泊松比 v_1 为 0.25，密度 ρ_1 为 2500kg/m³。土体内摩擦角 φ 的取值为 30°，土体密度 ρ 的取值为 20kg/m³，内支撑弹性模量 E 为 2.06×10^{11}N/m²，泊松比 v 为 0.25，密度 ρ_n 为 7850kg/m³。

7.2.3 弹簧参数

基坑围护结构的位移与有限土体非极限主动土压力有关。当围护结构在土压力作用下发生位移时，土压力会随着围护结构的位移而发生改变，此时土压力处于非极限状态，介于静止和极限状态之间。通过在围护结构坑外侧设置弹簧，模拟由于围护结构位移引起的土压力变化，并且在弹性支点法中，坑底与坑外的土体采用弹簧模拟，因此本研究模型设置两种弹簧（荷载弹簧与土弹簧）。具体的弹簧参数选取如下：

1. 内支撑等效弹簧刚度 k

内支撑的等效弹簧刚度 k 可按下式进行计算：

$$k = \frac{2aEA}{l \cdot s_n} \tag{7-1}$$

式中，a 为与支撑松弛有关的折减系数，一般取 $0.5 \sim 1.0$，E 为内支撑弹性模量（kN/m^2），A 为内支撑截面积（m^2），l 为内支撑的计算长度（m），s_n 为内支撑的水平间距（m）。

内支撑选取钢支撑（直径为 609mm，壁厚为 16mm），弹性模量 E 为 $2.06 \times 10^{11} N/m^2$，钢支撑截面积为：

$$A = \pi \left[(\frac{609}{2})^2 - (\frac{609-16-16}{2})^2 \right] = \pi \times 593 \times 16 \approx 29807.43 mm^2 \qquad （7\text{-}2）$$

经过计算内支撑刚度为 $102 \times 10^6 N/m^3$。

2. 土弹簧

根据《建筑基坑支护技术规程》JGJ 120—2012 中规定，当采用弹性支点法时，土的水平反力系数 k_s 采用 n 值法计算，水平反力系数由下式计算得到：

$$k_s = n(z - h) \qquad （7\text{-}3）$$

式中，n 为土的水平反力系数的比例系数（kN/m^4），z 为计算点距离地面的竖向深度（m），h 为计算工况下的基坑开挖深度（m）。

地基土水平抗力系数的比例系数 n 值一般通过试验确定。如无法开展试验可按下列经验公式计算：

$$n = \frac{0.2\varphi^2 - \varphi + c}{s_e} \qquad （7\text{-}4）$$

式中，c、φ 分别为土的黏聚力（kPa）、内摩擦角（°），s_e 为围护结构在坑底处的水平位移量（mm），当此处的水平位移不大于 10mm 时，可取 s_e=10mm。

相关规范提供的经验值见表 7-1。

非岩石类土的 n 值   表 7-1

土的名称	n（kN/m^4）	土的名称	n（kN/m^4）
流塑性黏土 I_L>1，淤泥	3000 ~ 5000	坚硬，粗砂，密实粉土	20000 ~ 30000
可塑性黏土 0.75>I_L>0.25，粉砂	5000 ~ 10000	碎石，卵石	30000 ~ 80000
硬塑性黏土 0.25>I_L>0，中砂	10000 ~ 20000	密实卵石夹粗砂	80000 ~ 120000

本节主要考虑单一土层，土体采用砂性土，n 选取 20000kN/m^4。

3. 荷载弹簧

将有限土体非极限主动土压力和存在既有地下结构的情况应用到基坑围护结构变形和内力计算中，具体建模如下：

（1）基坑开挖之后，围护结构右侧所受到的静止土压力 p_0，如图 7-3 所示。

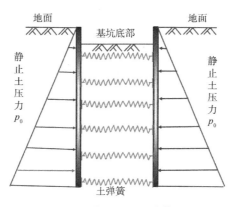

图 7-3　静止土压力计算图

（2）随着基坑开挖深度增加或开挖完成基坑周围存在既有地下结构时，基坑内部土体土压力发生变化，作用在基坑围护结构上的静止土压力 p_0 逐渐减小，变成非极限主动土压力 p_n，如图 7-4 所示。

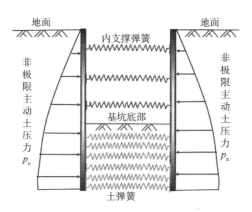

图 7-4　非极限主动土压力计算图

（3）将基坑围护结构外侧设置弹簧，如图 7-5 所示，模拟土压力变化，此时非极限主动土压力 p_n、静止土压力 p_0 与设置的弹簧刚度系数 k_u 有以下关系：

$$p_n = p_0 - k_u s_e \tag{7-5}$$

$$p_n = p_0 + k_n(p_a - p_0) \tag{7-6}$$

将公式（7-5）和公式（7-6）结合得出公式：

$$k_u = \frac{k_n}{s_e}(p_0 - p_a) \tag{7-7}$$

式中，k_u 为施加在基坑围护结构外侧弹簧上的刚度系数，k_n 为非极限主动土压力系数，s_e 为基坑围护结构的水平位移，p_n 为非极限主动土压力，p_a 为极限主动土压力。

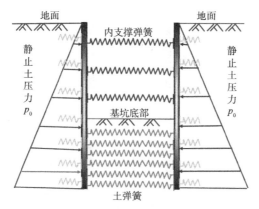

图 7-5   等效弹簧计算图

（4）根据公式（7-1）和公式（7-3）可得到内支撑刚度 k 与土弹簧刚度 k_s。

7.2.4   网格划分

围护结构网格大小为 0.25m × 0.25m，同一层横向平均分为 4 个单元，网格划分单元体的形状为四边形，单元类型为平面应变，采用进阶算法，几何阶次为二次，围护结构网格划分如图 7-6 所示。

图 7-6   网格划分图

7.2.5   工况设计

根据有限土体失稳模式、土压力类型，设置了 6 种工况，具体见表 7-2。

工况种类 表 7-2

工况类型	工况参数	土压力形式
工况一	基坑左侧桩间距为 1m，右侧桩间距为 1m；基坑左侧桩径为 1m，右侧桩径为 1m；基坑左侧桩嵌固深度为 6m，右侧桩嵌固深度为 6m	基坑左侧为静止土压力，基坑右侧为静止土压力
工况二	基坑左侧桩间距为 1m，右侧桩间距为 1m；基坑左侧桩径为 1m，右侧桩径为 1m；基坑左侧桩嵌固深度为 6m，右侧桩嵌固深度为 6m	基坑左侧为非极限土压力，基坑右侧为非极限土压力
工况三	基坑左侧桩间距为 1m，右侧桩间距为 1m；基坑左侧桩径为 1m，右侧桩径为 1m；基坑左侧桩嵌固深度为 6m，右侧嵌固深度为 6m	基坑左侧为有限土体非极限土压力，基坑右侧为有限土体非极限土压力
工况四	基坑左侧桩间距为 1m，右侧桩间距为 1m；基坑左侧桩径为 1m，右侧桩径为 1m；基坑左侧桩嵌固深度为 6m，右侧桩嵌固深度为 6m	基坑左侧为静止土压力，基坑右侧为非极限土压力
工况五	基坑左侧桩间距为 1m，右侧桩间距为 1m；基坑左侧桩径为 1m，右侧桩径为 1m；基坑左侧桩嵌固深度为 6m，右侧嵌固深度为 6m	基坑左侧为静止土压力，基坑右侧为有限土体非极限土压力
工况六	基坑左侧桩间距为 1m，右侧桩间距为 1m；基坑左侧桩径为 1m，右侧桩径为 1m；基坑左侧桩嵌固深度为 6m，右侧嵌固深度为 6m	基坑左侧为非极限土压力，基坑右侧为有限土体非极限土压力

通过对比工况一、工况二和工况三，得出在土压力不同条件下，基坑围护结构水平位移和内力的差异；通过对比工况一、工况四和工况五，得出非对称土压力条件下，基坑围护结构水平位移和内力的差异；通过对比工况二、工况三和工况六，得出基坑两侧均为非静止土压力条件下，基坑围护结构水平位移和内力的差异。

7.3 结果分析

7.3.1 围护结构水平位移

1. 工况一

基于初始模型参数，基坑两侧为对称布置，取右侧围护结构做分析。计算结果如图 7-7 所示。

由图 7-7 可知，围护结构水平位移随埋深逐渐增大，在围护结构约 2/3 处达到最大值 5.659mm，随后围护结构水平位移随埋深逐渐减小，底端处出现围护结构水平位移增大的现象。

2. 工况二

基于初始模型参数，根据土体破坏模式二所得出的不同的弹簧刚度，代入有限元模型中得出围护结构水平位移。基坑两侧为对称布置，取右侧围护结构进行分析，计算结果如图 7-8 所示。

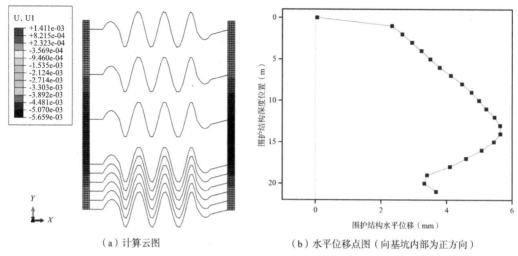

（a）计算云图　　　　　　　　　（b）水平位移点图（向基坑内部为正方向）

图 7-7　工况一围护结构水平位移计算结果

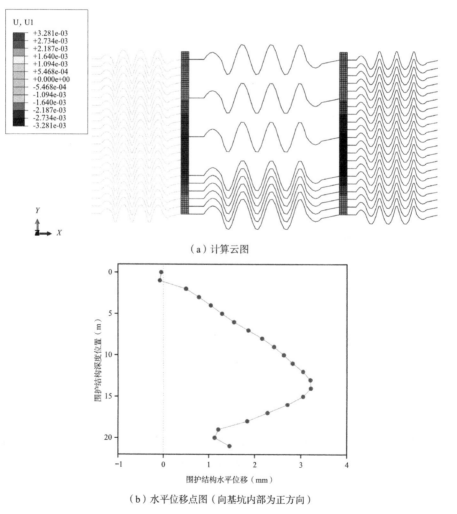

（a）计算云图

（b）水平位移点图（向基坑内部为正方向）

图 7-8　工况二围护结构水平位移计算结果

由图 7-8 可知，围护结构水平位移随埋深逐渐增大，在围护结构约 2/3 处达到最大值（3.281mm），随后围护结构水平位移随埋深逐渐减小，底端处出现围护结构水平位移增大的现象。

3. 工况三

基于初始模型参数，根据土体破坏模式二所得出的不同的弹簧刚度，代入有限元模型中得出围护结构水平位移。基坑两侧为对称布置，取右侧围护结构进行分析，计算结果如图 7-9 所示。

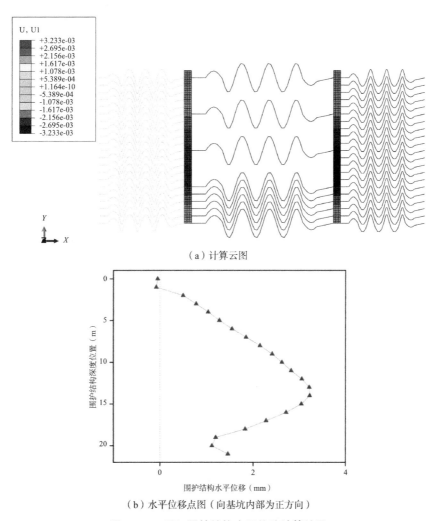

（a）计算云图

（b）水平位移点图（向基坑内部为正方向）

图 7-9 工况三围护结构水平位移计算结果

由图 7-9 可知，围护结构水平位移随埋深逐渐增大，在围护结构约 2/3 处达到最大值（3.233mm），随后围护结构水平位移随埋深逐渐减小，底端处出现围护结构水平位移增大的现象。

4. 工况四

基于初始模型参数，根据土体破坏模式二所得出的不同的弹簧刚度，代入有限元模型中得出围护结构水平位移。基坑两侧为非对称布置，分为左右两侧围护结构进行分析，计算结果如图 7-10 所示。

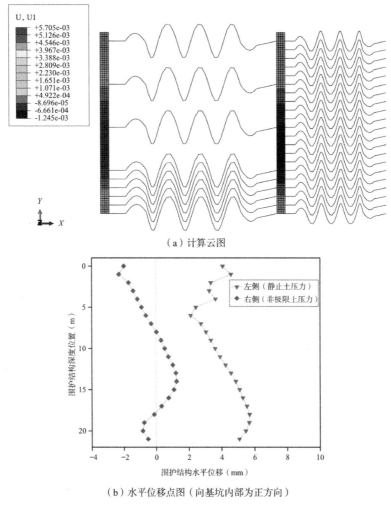

（a）计算云图

（b）水平位移点图（向基坑内部为正方向）

图 7-10　工况四围护结构水平位移计算结果

由图 7-10 可知，随着埋深的增加，左侧围护结构水平位移先减小后增大，约在 19m 处达到最大值（5.705mm），右侧围护结构水平位移先减小后增大，随后又减小再增大，约在 1m 处达到最大值（2.314mm），两侧底端处都出现围护结构水平位移减小的现象，左侧围护结构水平位移最大值和右侧围护结构水平位移最大值位置不同，且大于右侧围护结构。

5. 工况五

基于初始模型参数，根据土体破坏模式二所得出的不同的弹簧刚度，代入有限元模型中得出围护结构水平位移。基坑两侧为非对称布置，分为左右两侧围护结构进行分析，计算结果如图 7-11 所示。

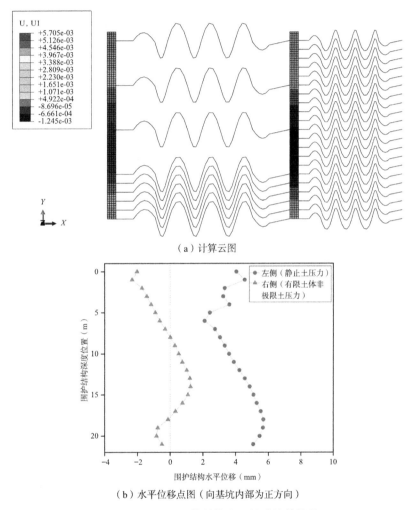

（a）计算云图

（b）水平位移点图（向基坑内部为正方向）

图 7-11 工况五围护结构水平位移计算结果

由图 7-11 可知，左侧围护结构水平位移先减小后增大，约在 19m 处达到最大值（5.713mm），右侧围护结构水平位移先减小后增大，随后又减小再增大，约在 1m 处达到最大值（2.310mm），两侧底端处都出现围护结构水平位移减小的现象，左侧围护结构水平位移最大值和右侧围护结果水平位移最大值位置不同，且大于右侧围护结构。

6. 工况六

基于初始模型参数，根据土体破坏模式二所得出的不同的弹簧刚度，代入有限元模型中得出围护结构水平位移。基坑两侧为非对称布置，分为左右两侧围护结构进行分析，计算结果如图7-12所示。

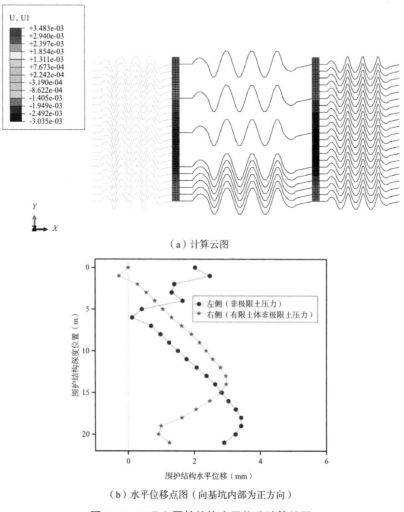

（a）计算云图

（b）水平位移点图（向基坑内部为正方向）

图7-12　工况六围护结构水平位移计算结果

由图7-12可知，左侧围护结构水平位移先减小后增大，约在19m处达到最大值（3.483mm），右侧围护结构水平位移先增大后减小，约在埋深2/3处达到最大值（3.035mm），两侧底端处都出现围护结构水平位移减小的现象，左侧围护结构水平位移最大值和右侧围护结构水平位移最大值位置不同，且大于右侧围护结构。

7.3.2　围护结构剪力

1. 工况一

基于初始模型参数，基坑两侧为对称布置，取右侧围护结构做分析，计算结果如

图 7-13 所示。

由图 7-13 可知，围护结构剪力因力的方向发生变化，其浮动最大值随深度增加，在围护结构约 2/3 处达到最大值 336.6kN，随后围护结构剪力随埋深逐渐减小。

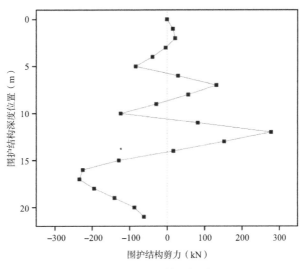

图 7-13　工况一围护结构剪力图

2. 工况二

基于初始模型参数，根据土体破坏模式二所得出的不同的弹簧刚度，代入有限元模型中得出围护结构内力。基坑两侧为对称布置，取右侧围护结构进行分析，计算结果如图 7-14 所示。

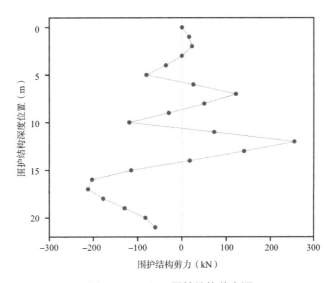

图 7-14　工况二围护结构剪力图

由图 7-14 可知，围护结构剪力因力的方向发生变化，其浮动最大值随深度增加，在围护结构约 2/3 处达到最大值 315.4kN，随后围护结构剪力随埋深逐渐减小。

3. 工况三

基于初始模型参数，根据土体破坏模式二所得出的不同的弹簧刚度，代入有限元模型中得出围护结构内力。基坑两侧为对称布置，取右侧围护结构进行分析，计算结果如图 7-15 所示。

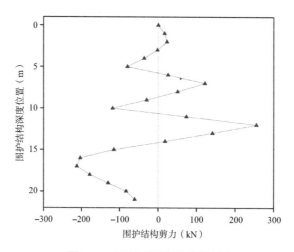

图 7-15　工况三围护结构剪力图

由图 7-15 可知，围护结构剪力因力的方向发生变化，其浮动最大值随深度增加，在围护结构约 2/3 处达到最大值 310kN，随后围护结构剪力随埋深逐渐减小。

4. 工况四

基于初始模型参数，根据土体破坏模式二所得出的不同的弹簧刚度，代入有限元模型中得出围护结构内力。基坑两侧为非对称布置，分为左右两侧围护结构进行分析，计算结果如图 7-16 所示。

由图 7-16 可知，左右两侧围护结构变形趋势相同，右侧内力变形整体比左侧小，围护结构剪力因力的方向发生变化，其浮动最大值随深度增加，在围护结构约 2/3 处达到最大值（左侧围护结构为 335.1kN，右侧围护结构为 333.9kN），随后围护结构剪力随埋深逐渐减小。

5. 工况五

基于初始模型参数，根据土体破坏模式二所得出的不同的弹簧刚度，代入有限元模型中得出围护结构内力。基坑两侧为非对称布置，分为左右两侧围护结构进行分析，计算结果如图 7-17 所示。

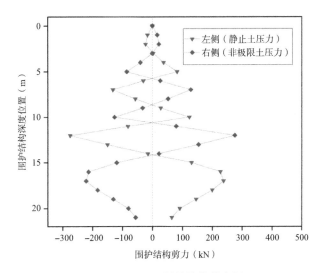

图 7-16　工况四围护结构剪力图

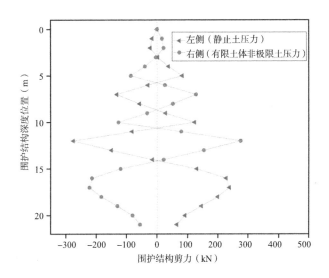

图 7-17　工况五围护结构剪力图

　　由图 7-17 可知，左右两侧围护结构变形趋势相同，右侧内力变形整体比左侧小，围护结构剪力因力的方向发生变化，其浮动最大值随深度增加，在围护结构约 2/3 处达到最大值（左侧围护结构为 334.5kN，右侧围护结构为 332.9kN），随后围护结构剪力随埋深逐渐减小。

　　6. 工况六

　　基于初始模型参数，根据土体破坏模式二所得出的不同的弹簧刚度，代入有限元模型中得出围护结构内力。基坑两侧为非对称布置，分为左右两侧围护结构进行分析，计算结果如图 7-18 所示。

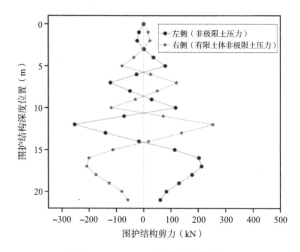

图 7-18　工况六围护结构剪力图

由图 7-18 可知，左右两侧围护结构变形趋势相同，右侧内力变形整体比左侧小，围护结构剪力因力的方向发生变化，其浮动最大值随深度增加，在围护结构约 2/3 处达到最大值（左侧围护结构为 313.3kN，右侧围护结构为 312.9kN），随后围护结构剪力随埋深逐渐减小。

7.3.3　围护结构弯矩

1. 工况一

基于初始模型参数，基坑两侧为对称布置，取右侧围护结构做分析，计算结果如图 7-19 所示。

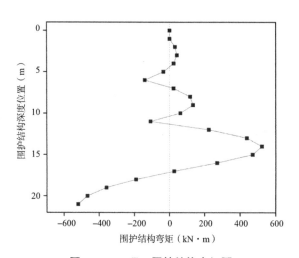

图 7-19　工况一围护结构弯矩图

由图 7-19 可知，围护结构弯矩因力的方向发生变化，其浮动最大值随深度增加，在围护结构底部处达到最大值 527.5kN·m。

2. 工况二

基于初始模型参数，根据土体破坏模式二所得出的不同的弹簧刚度，代入有限元模型中得出围护结构内力。基坑两侧为对称布置，取右侧围护结构进行分析，计算结果如图 7-20 所示。

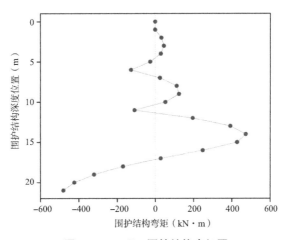

图 7-20　工况二围护结构弯矩图

由图 7-20 可知，围护结构弯矩因力的方向发生变化，其浮动最大值随深度增加，在围护结构底部处达到最大值 490.9kN·m。

3. 工况三

基于初始模型参数，根据土体破坏模式二所得出的不同的弹簧刚度，代入有限元模型中得出围护结构内力。基坑两侧为对称布置，取右侧围护结构进行分析，计算结果如图 7-21 所示。

由图 7-21 可知，围护结构弯矩因力的方向发生变化，其浮动最大值随深度增加，在围护结构底部处达到最大值 483.7kN·m。

4. 工况四

基于初始模型参数，根据土体破坏模式二所得出的不同的弹簧刚度，代入有限元模型中得出围护结构内力。基坑两侧为非对称布置，分为左右两侧围护结构进行分析，计算结果如图 7-22 所示。

由图 7-22 可知，左右两侧围护结构变形趋势相同，右侧内力变形整体比左侧小，围护结构弯矩因力的方向发生变化，其浮动最大值随深度增加，在围护结构底部处达到最大值（左侧围护结构为 547.5kN·m，右侧围护结构为 499.9kN·m）。

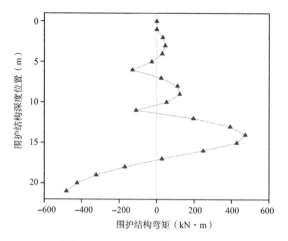

图 7-21　工况三围护结构弯矩图

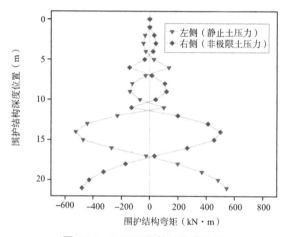

图 7-22　工况四围护结构弯矩图

5. 工况五

基于初始模型参数，根据土体破坏模式二所得出的不同的弹簧刚度，代入有限元模型中得出围护结构内力。基坑两侧为非对称布置，分为左右两侧围护结构进行分析，计算结果如图 7-23 所示。

由图 7-23 可知，左右两侧围护结构变形趋势相同，右侧内力变形整体比左侧小，围护结构弯矩因力的方向发生变化，其浮动最大值随深度增加，左侧围护结构在底部处达到最大值 551.3kN·m，右侧围护结构在约 2/3 处达到最大值 495kN·m。

6. 工况六

基于初始模型参数，根据土体破坏模式二所得出的不同的弹簧刚度，代入有限元模型中得出围护结构内力。基坑两侧为非对称布置，分为左右两侧围护结构进行分析，计算结果如图 7-24 所示。

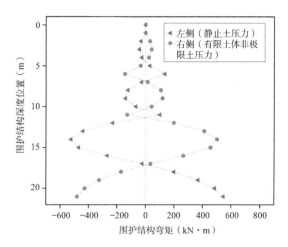

图 7-23　工况五围护结构弯矩图

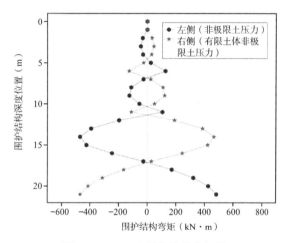

图 7-24　工况六围护结构弯矩图

由图 7-24 可知，左右两侧围护结构变形趋势相同，右侧内力变形整体比左侧小，围护结构弯矩因力的方向发生变化，其浮动最大值随深度增加，左侧围护结构在底部处达到最大值 493.5kN·m，右侧围护结构在底部处达到最大值 481.3kN·m。

7.3.4　对比分析

通过工况一～工况三围护结构水平位移与内力的对比，研究土压力类型对围护结构力学特性的影响规律，具体计算结果如图 7-25 所示。

由图 7-25 中工况一～工况三计算结果对比可知，三种工况下围护结构水平位移、剪力与弯矩趋势均相似。其中，对称模型下围护结构水平位移最大值由大至小分别是静止土压力、非极限土压力与有限土体非极限土压力，围护结构剪力与弯矩三种工况数值很接近。

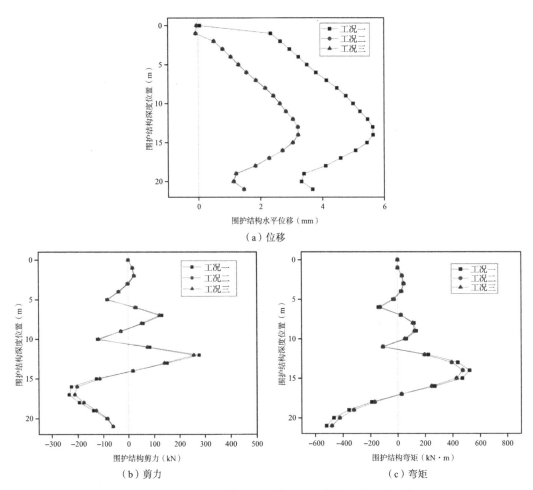

图 7-25　土压力类型参数对围护结构力学特性的影响规律

　　通过工况一、工况四和工况五围护结构水平位移和内力的对比，研究非对称土压力类型（单侧为静止土压力）对围护结构力学特性的影响规律，具体计算结果如图 7-26 所示。

　　由图 7-26 中工况一、工况四和工况五计算结果对比可知，三种工况下围护结构水平位移、剪力与弯矩趋势均相似。其中工况四和工况五左侧围护结构的最大水平位移和内力数值与工况一围护结构接近，右侧围护结构水平位移和内力数值小于工况一；工况四左侧围护结构最大水平位移和内力数值小于工况五，右侧围护结构最大水平位移和内力数值大于工况五。

　　通过工况二、工况三和工况六围护结构水平位移和内力的对比，研究非对称两侧均为非极限土压力类型对围护结构力学特性的影响规律，计算结果如图 7-27 所示。

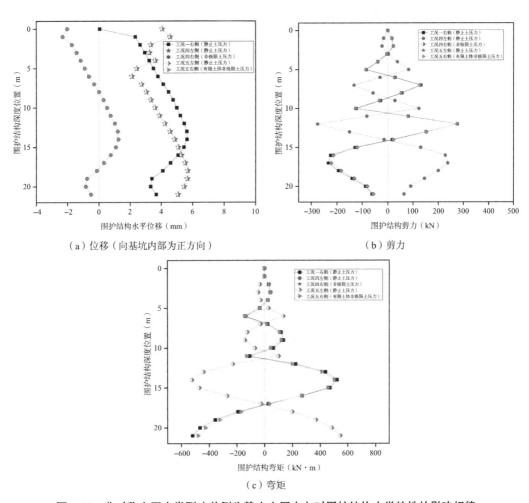

（a）位移（向基坑内部为正方向）　　　（b）剪力

（c）弯矩

图7-26　非对称土压力类型（单侧为静止土压力）对围护结构力学特性的影响规律

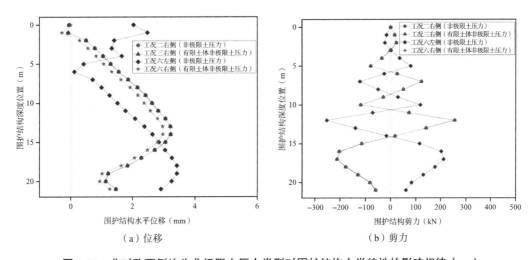

（a）位移　　　（b）剪力

图7-27　非对称两侧均为非极限土压力类型对围护结构力学特性的影响规律（一）

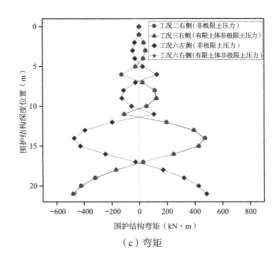

（c）弯矩

图 7-27　非对称两侧均为非极限土压力类型对围护结构力学特性的影响规律（二）

由图 7-27 中工况二、工况三与工况六计算结果对比可知，三种工况下围护结构水平位移、剪力与弯矩趋势均相似。其中工况六左侧最大水平位移和内力数值比工况二大，工况六右侧最大水平位移和内力数值比工况三要小。

7.4　围护结构设计参数优化

由以上分析可知，围护结构承受有限土体非极限土压力荷载时的水平位移最小，即采用半无限土体静止土压力方法设计围护结构参数时计算结果偏保守，下面探究在有限土体非极限土压力荷载时，桩间距与桩径对围护结构力学特性的影响规律，以便于优化围护结构设计参数。

7.4.1　桩间距

为探究桩间距对基坑围护结构水平位移和内力的影响，设立四种工况与工况一进行对比，以此为依据优化围护结构桩间距参数，新增工况见表 7-3。

改变桩间距工况类型　　　　　　　　　　　　　　　　　　表 7-3

工况类型	工况参数	土压力形式
工况七	基坑左侧桩间距为 1.4m，右侧桩间距为 1.4m；其他设计参数不变	基坑左侧为非极限土压力，基坑右侧为有限土体非极限土压力
工况八	基坑左侧桩间距为 1.6m，右侧桩间距为 1.6m；其他设计参数不变	基坑左侧为非极限土压力，基坑右侧为有限土体非极限土压力

续表

工况类型	工况参数	土压力形式
工况九	基坑左侧桩间距为1.7m，右侧桩间距为1.7；其他设计参数不变	基坑左侧为非极限土压力，基坑右侧为有限土体非极限土压力
工况十	基坑左侧桩间距为1.8m，右侧桩间距为1.8m；其他设计参数不变	基坑左侧为非极限土压力，基坑右侧为有限土体非极限土压力

通过工况一和工况七~工况十围护结构水平位移的对比，研究桩间距对围护结构水平位移的影响规律，具体计算结果如图 7-28 所示。

由图 7-28 中工况一与工况七~工况十计算结果对比可知，改变桩间距对围护结构水平位移变化趋势影响不大；四种工况左侧围护结构水平位移都为先减小后增大的趋势，右侧围护结构水平位移都为先增大后减小的趋势；四种工况左侧围护结构水平位移大于右侧围护结构，且左侧围护结构水平位移最大值点低于右侧围护结构；四种工况左侧围护结构顶部有较大的水平位移，右侧围护结构水平位移较小，且右侧围护结构整体水平位移数值小于工况一，左侧围护结构在底部水平位移数值大于工况一；四种工况经过对比，工况九两侧围护结构最大水平位移数值与工况一相差在 10% 以内，符合工程实际要求；四种工况右侧围护结构和工况一右侧围护结构变化趋势为先增大后减小，在围护结构深度约 2/3 处达到最大值，四种左侧围护结构在深度约 19m 处达到最大值，围护结构水平位移 s_e 最大值见表 7-4。

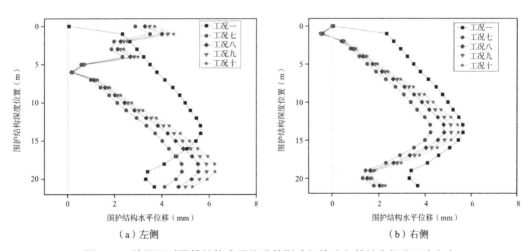

（a）左侧　　　　　　　　　　（b）右侧

图 7-28　桩间距对围护结构水平位移的影响规律（向基坑内部为正方向）

不同桩间距下围护结构水平位移 s_e 最大值　　　　　　　表 7-4

工况类型	工况一	工况七		工况八		工况九		工况十	
	右侧	左侧	右侧	左侧	右侧	左侧	右侧	左侧	右侧
围护结构水平位移 s_e（mm）	5.66	4.88	4.25	5.57	4.86	5.92	5.16	6.27	5.46

由表7-4可知，以工况一5.66mm为基准，可以采用工况八的设计参数进行桩间距的优化。

通过工况一和工况七~工况十围护结构的内力对比，研究桩间距对围护结构内力的影响规律，具体计算结果如图7-29和图7-30所示。

由图7-29和图7-30中四种工况结果对比可知，四种工况内力数值均比工况一大，内力增长趋势相同，围护结构因力的方向发生变化，其内力浮动最大值随深度增加，剪力在围护结构深度2/3处达到最大值，弯矩在底部处达到最大值；四种工况左侧围护结构内力数值略微大于右侧围护结构。围护结构内力最大值见表7-5。

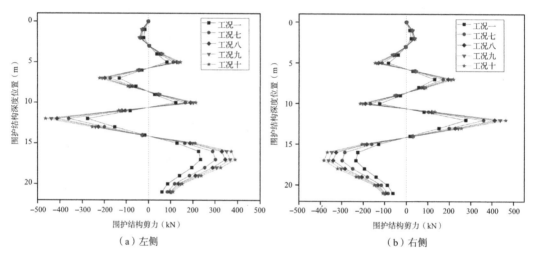

（a）左侧　　　　　　　　　　　（b）右侧

图 7-29　桩间距对围护结构剪力的影响规律

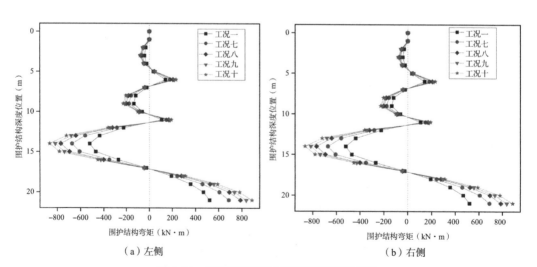

（a）左侧　　　　　　　　　　　（b）右侧

图 7-30　桩间距对围护结构弯矩的影响规律

不同桩间距下围护结构内力最大值 表 7-5

| 工况类型 | 工况一 | 工况七 | | 工况八 | | 工况九 | | 工况十 | |
	右侧	左侧	右侧	左侧	右侧	左侧	右侧	左侧	右侧
围护结构剪力 F（kN）	336.6	360.7	359.6	412.3	412.1	438	437.8	463.8	463.6
围护结构弯矩 M（kN·m）	527.5	688.8	671.7	787.2	767.7	836.4	815.7	885.6	863.7

7.4.2 桩径

为探究桩径对基坑围护结构水平位移和内力的影响，设立四种工况与工况一进行对比，以此为依据优化围护结构桩径参数，新增工况见表 7-6。

改变桩径工况类型 表 7-6

工况类型	工况参数	土压力形式
工况十一	基坑左侧桩径为 0.9m，右侧桩径为 0.9m；其他设计参数不变	基坑左侧为非极限土压力，基坑右侧为有限土体非极限土压力
工况十二	基坑左侧桩径为 0.7m，右侧桩径为 0.7m；其他设计参数不变	基坑左侧为非极限土压力，基坑右侧为有限土体非极限土压力
工况十三	基坑左侧桩径为 0.5m，右侧桩径为 0.5m；其他设计参数不变	基坑左侧为非极限土压力，基坑右侧为有限土体非极限土压力
工况十四	基坑左侧桩径为 0.6m，右侧桩径为 0.5m；其他设计参数不变	基坑左侧为非极限土压力，基坑右侧为有限土体非极限土压力

通过工况一和工况十一～工况十四围护结构水平位移的对比，研究桩径对围护结构水平位移的影响规律，具体计算结果如图 7-31 所示。

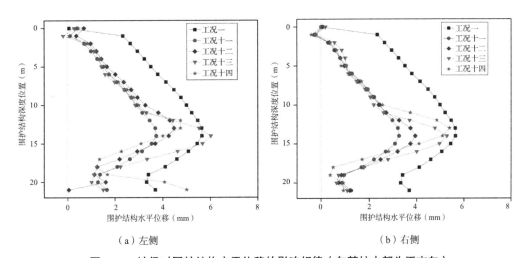

（a）左侧　　　　　　　　　　（b）右侧

图 7-31 桩径对围护结构水平位移的影响规律（向基坑内部为正方向）

由图 7-31 中工况一与工况十一～工况十四计算结果的对比可知，改变桩径对围护结构水平位移变化趋势影响不大；四种工况围护结构水平位移数值都为先增大后减小的趋势，在围护结构 2/3 深度处达到最大值；四种工况左侧围护结构水平位移数值大于右侧围护结构，工况十三左侧围护结构水平位移最大值大于工况一，工况十一～工况十三围护结构最大水平位移均小于工况一；四种工况经过对比，工况十四两侧围护结构最大水平位移数值与工况一相差在 10% 以内，且小于工况一，符合工程实际要求。围护结构水平位移 s_e 最大值见表 7-7。

不同桩径下围护结构水平位移 s_e 最大值　　　　表 7-7

工况类型	工况一	工况十一		工况十二		工况十三		工况十四	
	右侧	左侧	右侧	左侧	右侧	左侧	右侧	左侧	右侧
围护结构水平位移 s_e（mm）	5.66	3.73	3.26	4.47	3.93	6.01	5.28	5.02	5.41

由表 7-7 可知，以工况一计算结果 5.66mm 为基准，可以采用工况十二的设计参数进行桩径的优化。

通过工况一和工况十一～工况十四围护结构内力的对比，研究桩径对围护结构内力的影响规律，具体计算结果如图 7-32 和图 7-33 所示。

由图 7-32 和图 7-33 中工况一与工况十一～工况十四计算结果的对比可知，四种工况内力数值均比工况一小，内力增长趋势相同，围护结构因力的方向发生变化，其内力浮动最大值随深度增加，剪力和弯矩在围护结构深度 2/3 处达到最大值；四种工况左侧围护结构内力数值略微大于右侧围护结构。围护结构内力最大值见表 7-8。

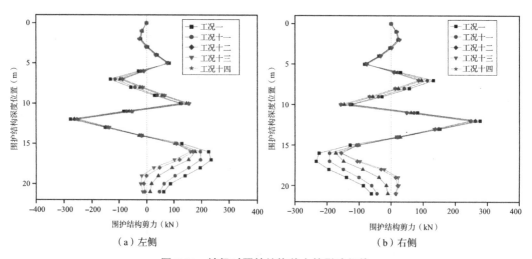

图 7-32　桩径对围护结构剪力的影响规律

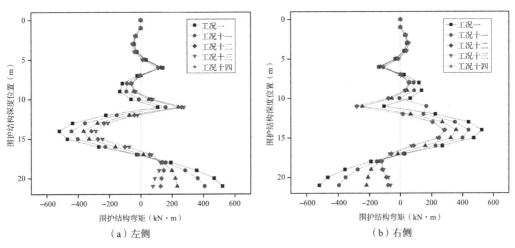

（a）左侧　　　　　　　　　　　（b）右侧

图 7-33　桩径对围护结构弯矩的影响规律

不同桩径下围护结构内力最大值　　　　　　　　　　表 7-8

工况类型	工况一	工况十一		工况十二		工况十三		工况十四	
	右侧	左侧	右侧	左侧	右侧	左侧	右侧	左侧	右侧
围护结构剪力 F（kN）	336.6	262.3	262	262.9	262.1	246.8	245.2	252.9	248.1
围护结构弯矩 M（kN·m）	527.5	443.5	437.1	365.7	358.0	287.5	279.4	316.4	286.7

7.5　研究结论

本章基于提出的有限土体土压力理论，采用弹性支点法，研究近接基坑围护结构的力学特性，探究土压力类型（静止土压力、非极限土压力、极限土压力）、模型对称性（对称模型、非对称模型）、桩直径、桩间距等参数对围护结构力学特性的影响规律，以静止土压力围护结构力学特性计算结果为基准，优化围护结构设计参数。通过研究，主要结论如下：

（1）对基坑围护结构施加对称土压力荷载（静止土压力、非极限土压力和有限土体非极限土压力）。三种对称土压力作用下，围护结构水平位移数值趋势为先增大后减小，其最大值从大到小排序为静止土压力、非极限土压力、有限土体非极限土压力；三种对称土压力作用下，围护结构内力数值因力的方向发生变化，浮动最大值随深度逐渐增加，其最大值从大到小排序为静止土压力、非极限土压力、有限土体非极限土压力。

（2）围护结构一侧为静止土压力荷载，另一侧为非极限土压力荷载或有限土体非极限土压力荷载作用下，静止土压力侧围护结构水平位移数值趋势为先减小后增大再减小，其最大值大于对称静止土压力侧围护结构；非极限土压力侧或有限土体非极限土压力侧围护结构水平位移数值趋势为先增大后减小，其最大值小于对称静止土压力侧4倍左右；非对称土压力荷载和对称土压力荷载变化趋势相同，围护结构内力数值因力的方向发生变化，浮动最大值随深度逐渐增加，围护结构内力极值从大到小排序为非对称静止土压力侧、对称静止土压力侧、非对称非极限土压力侧、非对称有限土体非极限土压力侧。当一侧为非极限土压力，另一侧为有限土体非极限土压力时，围护结构水平位移和内力均小于对称静止土压力荷载条件下围护结构的水平位移和内力。

（3）桩间距对围护结构水平位移和内力有较大的影响，增大桩间距会使围护结构水平位移和内力增大，其水平位移数值变形趋势和内力数值变形趋势与对称静止土压力荷载条件下相同，围护结构水平位移最大值点小于对称静止土压力条件。当基坑两侧桩间距调整到1.7m时，围护结构最大水平位移和内力接近对称静止土压力条件下围护结构的最大水平位移和内力。

（4）桩径对围护结构水平位移和内力有较大的影响，减小桩径会使围护结构水平位移增大、内力变小，其水平位移数值变形趋势和内力数值变形趋势与对称静止荷载条件下相同，当桩径过小时会使围护结构水平位移发生突变，使最大值点改变，当两侧桩径都为0.5m时，围护结构水平位移最大值点在围护结构2/3深度处；当桩径左侧为0.6m、右侧为0.5m时，围护结构水平位移最大值点在围护结构底部，此时围护结构水平位移和内力数值最大值接近对称静止土压力条件下围护结构的最大水平位移和内力数值。

参考文献

[1] 北京地铁.线路图查询 [EB/OL].[2024-3-22].https：//bjsubway.com/.

[2] 广州地铁.广州地铁线网示意图 [EB/OL].[2024-3-22] https：//www.gzmtr.com/.

[3] 重庆轨道交通集团.运营线网图 [EB/OL].[2024-3-22].https：//www.cqmetro.cn/.

[4] 成都轨道集团.成都轨道交通线网图 [EB/OL].[2024-3-22].https：//www.chengdurail.com/.

[5] 南京地铁.南京地铁运营线路示意图 [EB/OL].[2024-3-22].https：//www.njmetro.com.cn/.

[6] 胡海英，张玉成，杨光华，等.基坑开挖对既有地铁隧道影响的实测及数值分析 [J].岩土工程学报，2014，36（S2）：431-439.

[7] 程玉兰，王毅红.软土深基坑与邻近地铁车站相互变形影响分析 [J].城市轨道交通研究，2019，22（9）：14-20.

[8] 吴杰，张志勇.张杨路车站施工技术 [J].地下工程与隧道，2003（4）：38-41，57.

[9] 殷一弘.邻近地铁车站的深基坑工程设计与实践 [J].地下空间与工程学报，2018，14（S1）：263-269.

[10] 董发俊，胡安奎，张社荣，等.新建车站盖挖逆作法施工对既有车站的变形影响分析 [J].城市轨道交通研究，2017，20（6）：119-124，144.

[11] 郭海柱，张庆贺.紧邻已建车站基坑开挖近接施工影响分析 [J].建筑结构，2010，40（3）：55-57，44.

[12] 高升.新建地铁车站深基坑紧贴既有地铁站变形分析 [J].兰州理工大学学报，2013，39（2）：130-135.

[13] 孙夫强.北京某基坑工程邻近既有地铁车站影响及施工控制研究 [D].北京：北京交通大学，2014.

[14] 丁乐.基坑开挖对邻近地铁车站安全影响的三维有限元分析——以西朗公交枢纽站为例 [J].隧道建设，2015（4）：328-334.

[15] 刘念武，龚晓南，楼春晖.软土地区基坑开挖对周边设施的变形特性影响 [J].浙江大学学报（工学版），2014，48（7）：1141-1147.

[16] 袁静，刘兴旺，陈卫林.杭州粉砂土地基深基坑施工对邻近地铁隧道、车站的影

响研究 [J]. 岩土工程学报，2012，34（S1）：398-403.

[17] 丁习富，师海，孟小伟. 深基坑开挖与紧邻在建地铁车站影响优化分析 [J]. 地下空间与工程学报，2014，10（S2）：1817-1822.

[18] 张国亮，韩雪峰，李元海，等. 新建地铁站基坑与既有车站结构间相互影响的数值分析 [J]. 隧道建设，2011，31（3）：284-288.

[19] 王罡. 基坑开挖施工对邻近运营地铁隧道变形影响分析 [J]. 施工技术，2016，45（20）：86-90.

[20] 戚科骏，王旭东，蒋刚，等. 邻近地铁隧道的深基坑开挖分析 [J]. 岩石力学与工程学报，2005（S2）：5485-5489.

[21] 丁智，张霄，金杰克，等. 基坑全过程开挖及邻近地铁隧道变形实测分析 [J]. 岩土力学，2019，40（S1）：415-423.

[22] 王卫东，沈健，翁其平，等. 基坑工程对邻近地铁隧道影响的分析与对策 [J]. 岩土工程学报，2006（S1）：1340-1345.

[23] 张明远，杨小平，刘庭金. 邻近地铁隧道的基坑施工方案对比分析 [J]. 地下空间与工程学报，2011，7（6）：1203-1208.

[24] 银英姿，刘斌. 深基坑开挖时邻近既有地铁隧道的监测分析 [J]. 建筑技术，2016，47（9）：785-787.

[25] 李亮辉. 近接地铁隧道深基坑工程的设计与实践 [J]. 土工基础，2019，33（4）：428-432.

[26] 孙波. 与既有地铁并行的车站深基坑变形数值模拟分析 [J]. 铁道标准设计，2018，62（12）：93-98.

[27] 邵华，王蓉. 基坑开挖施工对邻近地铁影响的实测分析 [J]. 地下空间与工程学报，2011，7（S1）：1403-1408.

[28] 金怡，顾晓卫，叶翔，等. 典型地层中基坑对旁侧地铁隧道影响的实测分析 [J]. 建筑结构，2023，53（15）：132-136.

[29] 程都. 基坑施工过程中对既有地铁隧道的自动化监测研究 [J]. 现代城市轨道交通，2017（8）：44-46.

[30] 张旭，邵华，季蓓蓉. 基坑开挖施工对邻近地铁影响的实测分析 [J]. 上海地质，2008（2）：27-29，34.

[31] 张旭群，隋耀华，林沛元. 基坑开挖对邻近地铁隧道安全运营评估 [J]. 广东土木与建筑，2021，28（12）：41-45.

[32] 张汝捷，张涛，胡东东. 基坑开挖对邻近既有地铁隧道的影响研究 [J]. 安徽建筑，2021，28（2）：108-110.

[33] 王卫东，沈健，翁其平，等.基坑工程对邻近地铁隧道影响的分析与对策 [J].岩土工程学报，2006（S1）：1340-1345.

[34] 蒋洪胜，侯学渊.基坑开挖对邻近软土地铁隧道的影响 [J].工业建筑，2002，32（5）：53-56.

[35] 张治国，张谢东，王卫东.邻近基坑施工对地铁隧道影响的数值模拟分析 [J].武汉理工大学学报，2007（11）：93-97.

[36] 肖同刚.基坑开挖施工监控对邻近地铁隧道影响分析 [J].地下空间与工程学报，2011，7（5）：1013-1017.

[37] 张兵兵，卢伟晓，李为腾.基坑开挖对邻近既有地铁隧道影响分析 [J].科学技术与工程，2020，20（35）：14673-14680.

[38] 房庆，王金昌.基坑开挖对邻近隧道的变形影响及基坑加固区间研究 [J].低温建筑技术，2020，42（4）：87-90，112.

[39] 时晓贝.邻近地铁深基坑开挖方案研究 [J].中国勘察设计，2015（2）：95-100.

[40] 张琳.深基坑开挖对邻近既有地铁区间隧道的影响分析 [J].福建建设科技，2020（6）：27-30，42.

[41] 马江锋.软土深基坑开挖全过程对邻近地铁盾构区间隧道影响风险分析及控制 [J].土工基础，2022，36（2）：145-148，167.

[42] 陈韬瀚.软土地区深基坑开挖对邻近盾构隧道的变形影响分析 [J].上海建设科技，2021（1）：16-19.

[43] 吕善国.某基坑开挖对邻近宁芜铁路隧道影响的有限元模拟与现场实测 [J].四川水泥，2021（3）：111-113.

[44] 高广运，高盟，杨成斌，等.基坑施工对运营地铁隧道的变形影响及控制研究 [J].岩土工程学报，2010，32（3）：453-459.

[45] 李进军，王卫东.紧邻地铁区间隧道深基坑工程的设计和实践 [J].铁道工程学报，2011，28（11）：104-111.

[46] 闫静雅.邻近运营地铁隧道的深基坑设计施工浅谈 [J].岩土工程学报，2010，32（S1）：234-237.

[47] 张娇，王卫东，李靖，等.分区施工基坑对邻近隧道变形影响的三维有限元分析 [J].建筑结构，2017，47（2）：90-95.

[48] 黎伟益.邻近地铁深基坑开挖安全施工 [J].茂名学院学报，2002（3）：45-47，52.

[49] 况龙川.深基坑施工对地铁隧道的影响 [J].岩土工程学报，2000，22（3）：284-288.

[50] 张治国，徐晨．紧邻运营地铁进行基坑施工的影响因素研究 [J].上海理工大学学报，2016，38（1）：69-75.

[51] 王洪伟．邻近地铁隧道的软土地基深基坑分区施工技术 [J].建筑施工，2018，40（9）：1495-1497.

[52] 郑刚，杜一鸣，刁钰，等．基坑开挖引起邻近既有隧道变形的影响区研究 [J].岩土工程学报，2016，38（4）：599-612.

[53] 曾祥会．深基坑工程紧邻既有地铁车站施工安全性影响分析 [J].市政技术，2018，36（5）：193-196.

[54] 刘庭金．基坑施工对盾构隧道变形影响的实测研究 [J].岩石力学与工程学报，2008（S2）：3393-3400.

[55] 冯龙飞，杨小平，刘庭金．紧邻地铁侧方深基坑支护设计及变形控制 [J].地下空间与工程学报，2015，11（6）：1581-1587.

[56] 冯龙飞，杨小平，刘庭金．紧邻地铁隧道深基坑支护技术及监测分析 [J].隧道建设，2013，33（6）：515-520.

[57] 唐仁，林本海．基坑工程施工对邻近地铁盾构隧道的影响分析 [J].地下空间与工程学报，2014，10（S1）：1629-1634，1639.

[58] 初振环，王志人，陈鸿，等．紧邻地铁盾构隧道超深基坑设计及计算分析 [J].岩土工程学报，2014，36（S1）：60-65.

[59] 左殿军，史林，李铭铭，等．深基坑开挖对邻近地铁隧道影响数值计算分析 [J].岩土工程学报，2014，36（S2）：391-395.

[60] 石钰锋，方焘，王海龙，等．基坑开挖引起紧邻地铁隧道力学响应与处理方案研究 [J].铁道科学与工程学报，2016，13（6）：1100-1107.

[61] 胡德军，王帅，王卿．邻近地铁隧道的深基坑开挖中实测位移数据分析及数值模拟 [J].建筑施工，2018，40（12）：2169-2173.

[62] 徐岱，陶铸，宋德鑫，等．邻近地铁隧道深基坑工程实例研究 [J].工程勘察，2016，44（6）：33-38.

[63] 杜江涛，华志刚，曹一龙．深基坑开挖对既有地铁盾构隧道变形影响研究 [J].施工技术，2018，47（S1）：233-236.

[64] 王卫东，李青，徐中华．软土地层邻近隧道深基坑变形控制设计分析与实践 [J].隧道建设，2022，42（2）：163-175.

[65] 宋晓凤，姚爱军，张剑涛，等．深基坑开挖对邻近既有地铁隧道及轨道结构的影响研究 [J].施工技术，2018，47（5）：122-127.

[66] 万蓓菁，赵狮．基坑施工对邻近地铁区间隧道影响的数值模拟及监测数据分析 [J].

土工基础，2018，32（5）：506-509.

[67] 姜兆华，张永兴.基坑开挖对邻近隧道纵向位移影响的计算方法 [J]. 土木建筑与环境工程，2013，35（1）：7-11，39.

[68] 李国龙，袁长丰，黄海滨，等.高层建筑全过程施工对邻近既有隧道影响的数值模拟分析 [J]. 施工技术，2016，45（1）：77-81.

[69] HU W D，LIU K X，ZHU X N，et al.Active earth pressure against rigid retaining walls for finite soils in sloping condition considering shear stress and soil arching effect[J].Advances In Civil Engineering，2020（3）：1-11.

[70] 应宏伟，黄东，谢新宇.考虑邻近地下室外墙侧压力影响的平动模式挡土墙主动土压力研究 [J]. 岩石力学与工程学报，2011，30（S1）：2970-2978.

[71] WANG Y Z.Distribution of earth pressure on a retaining wall[J].Géotechnique，2000，50（1）：83-88.

[72] FAN C C，FANG Y S.Numerical solution of active earth pressures on rigid retaining walls built near rock faces[J].Computers and Geotechnics，2010，37：1023-1029.

[73] FIORAVANTE V.On the shaft friction modelling of non-displacement piles in sand[J].Soils and Foundations，2002，42（2）：23-33.

[74] 马平，秦四清，钱海涛.有限土体主动土压力计算 [J]. 岩石力学与工程学报，2008（S1）：3070-3074.

[75] JAKY J.The coefficient of earth pressure at rest[J].Journal of the Society of Hungarian Architects and Engineers，1944，78（22）：355-358.

[76] 芮瑞，蒋旺，徐杨青，等.刚性挡土墙位移模式对土压力的影响试验研究 [J]. 岩石力学与工程学报，2023，42（6）：1534-1545.

[77] 周佳迪.既有地下结构近接增建基坑工程相互作用机理研究 [D]. 石家庄：石家庄铁道大学，2023.

[78] 张常光，单冶鹏，高本贤.考虑挡墙位移的土压力数学拟合新方法研究 [J]. 岩石力学与工程学报，2021，40（10）：2124-2135.